大人のための数学⑦

線形という構造へ

次元を超えて

Shiga Koji
志賀浩二

紀伊國屋書店

はじめに

大学の一般教養における数学の授業科目として，微分積分と線形代数とを並列しておくところが多いようである。微分積分のほうは，高等学校でひとまず習っており，またよくわからないときは，具体的な関数で確かめてみたり，また最近ではパソコンで簡単なグラフをかいたり，そこからいろいろな情報も引き出せるようになったから，たぶん親しみやすい科目となっているのだろう。しかしそれにくらべて線形代数のほうは，抽象的な代数の定義が並び，おまけに扱っているのが本質的に多変数の１次式系の性質だから，どこから近づいてよいかわからず，１つ１つは理解できても，全体像はつかみにくかったという方も多いのではないかと思われる。

しかし数学という学問のなかでは線形代数は活発にはたらいている。線形性とは１次式のもつ性質であるが，それは数学の根底にある概念であり，数学を支えているものである。たとえば微分積分では，微分するということは，グラフ上の点に接線とよばれる直線を引き，その傾きを求めることであり，定積分も「区分求積法」で求めるときは，まずグラフを長方形に分解する。それらはすべて１次式，または線分を用いて行なわれている。

実際，私たちが数学的対象に近づくとき，まず‘量’として測れるのは「線形の世界」である。それは十分細分して測れば，実用上ではそれだけで必要とする多変量の値がわかり，十分目的が達せられるだろう。数学の多くの基本的な概念は，まず‘量’を数として表わし，次にその線形性に注目することで得られている。

そのように考えてみると，線形性は，私たちが日常出会っている多変量の世界のなかへ，数学が入っていく最初の道を切り拓いているといえるかもしれない。線形性が適用される場所は広いのである。

本書はこうした視点をはっきり見定めてみたいと思っている。ここでは代数学や解析学とはまったく異なる数学のアプローチが展開する。たとえば代数学では3次方程式の解法といったことが問題となり，解析学では与えられた微分方程式をどのように解くかということが問題になる。しかし，たとえば線形代数の展開のなかにはそのようなことはあまり見当たらない。個々のケースではなく，つねに背景には全体像が広がっている。そしてその広がりを支える数学的世界が，20世紀になって有限次元の線形性の世界を無限次元へと広げていくのである。

読者は，本書を通して線形性という高い視点に立って，数学の大きな眺望を楽しんでいただければよいがと望んでいる。そこから20世紀数学の1つの流れが見えてくるのである。

本書の構成は大きく2つに分けられている。第1部では有限次元の場合の線形性，第2部では無限次元の場合の線形性である。

以下では，第1部と第2部の概要を述べる。

第1部では，まず有限次元の線形空間という概念を導入する。ここに空間という言葉が使われているが，実際は代数概念によって線形空間は生まれている。このような導入の仕方の背景には，20世紀数学における抽象数学の流れがある。そこには構造という視点が最初におかれている。

構造が集合に与えられれば，次にその構造を保つ写像が数学の対象となる。いまの場合，それは線形写像の概念となり，それは数を用いて表現すると，行列となる。行列は抽象的な線形写像の表現であるが，そこから具体的な数学の性質を引き出すには，正方行列に付随している行列式が必要となる。行列式は，行列の成分によってつくられた代数式である。ここで線形性は代数と結びついてくる。実は行列式自体は，すでに18世紀に連立方程式の解法のなかから生まれてきている。1つの線形写像があらかじめ与えられるとき，それを表現する行列は多様であって，いろいろな行列が存在する。そのなかでできるだけ簡明な行列をとり，線形写像の性質を見ようとすると，固有値問題とよばれる問題が生まれてくる。

第2部では，無限次元の線形空間を取り扱う。無限次元の線形空間に数学の眼が向けられるようになったのは，積分方程式の解法にあった。積分方程式の解となる関数を，連立方程式で未知数の数を無限に近づけていったときの極限としてとらえたのである。このとき求める積分方程式の解は，「クラーメルの公式」で行列式の次数を無限に大きくしていったときの極限として表わされた。このことは，次のことを示唆しているのではなかろうか。もしはじめから極限を渡りきった無限次元の線形空間が用意されているならば，積分方程式を解くということは，この空間の上では線形作用素の対応を調べることになるのではないか。こうしてヒルベルトは無限次元の線形空間とその上の線形作用素を数学にはじめて導入した。やがてそれはノイマンにより「ヒルベルト空間」という構造として，公理により明確に規定する空間となった。これ以後，無限次元の空間の上で，数学，ことに解析学が自由に展開していくようになったのである。それは関数解析学とよばれている。

大人のための数学⑦

線形という構造へ

次元を超えて

目次

序章

線形性とは

いまでは大学の一般教養の数学の授業科目のなかに，微分積分と並んで線形代数がおかれるようになったから，線形という言葉も耳慣れたものになってきた。しかしこの科目が大学でふつうに教えられるようになったのは，いまから50年くらい前からのことである。しかし改めて見ると，線形と代数という言葉は結びにくそうにみえる。数学では，線形性とは集合の要素のあいだに，加法とスカラー積という2つの構造を与えたものである。そして線形性の与えられた集合を線形空間という。ここで‘集合’が‘空間’にかわったのは，平面や空間のなかでのベクトル演算が線形性をもち，その背景に私たちは座標平面や座標空間などの空間的描像をみていることによっている。

線形空間には，有限次元と無限次元の，数学的にはまったく性質の異なる2つの線形空間のタイプがある。有限次元の線形空間は，適当な自然数nをとると，n次元座標空間として表現される。無限次元の線形空間は一般には関数空間として現われる。たとえば，区間$[a, b]$で定義されている連続関数の全体は，無限次元の線形空間をつくる。有限次元の場合，線形性がはたらくのは代数の世界のなかであったが，無限次元の場合は解析の世界となる。

この序章では，線形性と線形写像の概念について述べ，有限次元と無限次元の場合，取り扱う対象がまったく異なってくることを述べる。

1 線形という構造

「大人のための数学」の7巻のメイン・タイトルは，「線形という構造」である。はじめてこれを見られた方は，線形という言葉から線分や直線を思い浮かべられ，こんな簡単な図形の形から，数学は，いったいどんな構造を抽出するというのだろうと思われるかもしれない。それにしても哲学や社会科学ならまだしも，数学に構造とは「聞き慣れない言葉」と感じられるだろう。

そこでまず構造という言葉から説明していくことにしよう。

［構造］

1937年から，フランスの新進気鋭の一流の数学者たちが，ナンシー大学のカルタン研究所を活動の拠点として，新しい数学の理念の方向を見定める研究集団をつくった。彼らは「ブルバキ(Bourbaki)」という架空の人物を創出し，「ブルバキ叢書」ともよばれる40冊にも及ぶ『数学原論』を逐次刊行していった。このなかに盛られている‘ブルバキの思想’とは，**集合の上に構造とよばれる基本的な枠組みを最初におき**，その枠組みに基づいて数学のさまざまの理論体系を創出していこうとするものであった。それはいわば数学を，与えられた構造の上に建築していこうとする「建築術」というべきものであり，この建築の骨組みを支えるものが‘証明’という手続きだという。証明は，数学を完全な学問体系として築き上げるためのプロセスと考えられることになったのである。ブルバキは，そのことを「ギリシャ以来，数学を語るものは証明を語る」と簡潔に言い表わした。

たとえば集合の上に，閉集合族，開集合族によって**位相の構造**をおけば，そこに位相空間論がさまざまな定理と証明を積み重ねながら構成されていく。**測度という構造**をおけば，測度空間が得られ，その上で測度論が展開する。もっと簡単な例として，集合の2つの要素 a, b のあいだに，関係 $a \leqq b$ が導入されて，これが(1) $a \leqq a$ (2) $a \leqq b$，$b \leqq a$ ならば $a = b$ (3) $a \leqq b$, $b \leqq c$ ならば $a \leqq c$ という性質をみたすとき，これは集合に**順序という構造**を与えることになる。

ブルバキの構造の考えは，ユークリッドの『原論』を改めてふり返ってみたところから得られたものと思われる。『原論』では公理，公準から出発して，図形のあいだにみられるさまざまな整合性を論理によって厳密に体系化することが試みられている。ブルバキはより高い視点に立ち，数学を構造として築き上げていくという試みのなかに，人間精神の自由性と，数学という学問の調和を見届けようとするところがあったように思える。実際，気がついてみると，抽象数学という言葉は，ブルバキ以後あまり使われなくなってきたようである。数学は抽象されて生まれてくるのではなく，私たちの精神のはっきりとしたはたらきのなかから創造されてくるものなのであるという見方が生まれてきたのかもしれない。20世紀半ばには，‘構造’は新しい数学の理念のようになってきた。20世紀後半になってくると，構造は地下水のように数学の内部に浸透し，そこから湧き出る水が数学の上に広がっていったのである。

それでは本書の主題となっている線形という構造とは，どのような構造をいうのだろうか。

［線形の構造］

集合 M に，要素のあいだに加法とよばれる演算と，要素に実数をかける演算が，次のように構造として与えられたものを，線形の構造という。

Ⅰ） Mの2つの要素x, yに対して，第3の要素zを対応させる加法とよばれる対応

$$x+y=z$$

が決まって，次の性質をもつ。

i） $(x+y)+z=x+(y+z)$

ii） $x+y=y+x$

iii） ある要素$\mathbf{0}$があって，どんなxに対しても，$x+\mathbf{0}=x$をみたす。

iv） どんなxをとっても，$x+y=\mathbf{0}$をみたすyがただ1つある。このyを$-x$と表わす。

Ⅱ） Mの各要素xと，実数αに対し，αxというMの要素が対応する。これは次の性質をもつ。

i） $(\alpha+\beta)x=\alpha x+\beta x$

ii） $\alpha(x+y)=\alpha x+\alpha y$

iii） $(\alpha\beta)x=\alpha(\beta x)$

iv） $1x=x.$

要するに**線形な構造**とは，たし算，ひき算と，あとは実数をかけるという**演算**ができるような構造である。

線形な構造の与えられた集合を，**線形空間**，または**ベクトル空間**という。線形空間の要素を一般的に述べるときには**ベクトル**という。（Ⅱ）によって，ベクトルには実数αがはたらくが，このαを**スカラー**といい，xにαxを対応させる対応を**スカラー積**という。

この定義ではスカラーとして実数をとったが，スカラーとして複素数をとることもある。このことを明確にしたいときには，実数をとったときを**実線形空間**，複素数をとったときには**複素線形空間**という。私たちは第1部では実線形空間，第2部では複素線形空間を考えることにする。

実線形空間のなかでもっとも基本的なものは$\boldsymbol{R}^n$である。$\boldsymbol{R}^n$とはn個の実数を順序をつけて並べた$(a_1, a_2, \cdots, a_n)$の集合に，加法と，実数αをかける演算を

$$(a_1, a_2, \cdots, a_n)+(b_1, b_2, \cdots, b_n) = (a_1+b_1, a_2+b_2, \cdots, a_n+b_n)$$

$$\alpha(a_1, a_2, \cdots, a_n) = (\alpha a_1, \alpha a_2, \cdots, \alpha a_n)$$

によって定義した線形空間のことである。

ちょっとひといき 線形空間は英語でlinear spaceであり，ベクトル空間はvector spaceである。線形空間という言い方は線形という立場に立った包括的な数学の概念を示唆しているが，ベクトル空間のほうは次節で述べる物理から生まれてきたベクトルという概念に基づいている。ごく大ざっぱにいえば，線形空間は抽象的な立場に立って空間をまず集合としてみる概念的なとらえ方をしており，ベクトル空間は具象的な空間のほうに目を向けているような感じがする。

なお以前は線形空間を線型空間と表わしていた。‘線の形’ではなく，‘線の型’に注目しているのだという数学者もおられた。私は個人的にはこちらの意見に賛成なのだが，いまは線形と書くほうがふつうになってきたようである。

2 ベクトル——力学から数学へ

ベクトルという概念は最初，力学で使われ，質点の移動や，運動の速度，加速度，また力などを，方向と向きをもった線分で表わし，それをベクト

ルとよんだのである。たとえば左図では，ベクトルは点 P から Q までの変位を表わしており，また右図では質点の運動を表わすグラフ上で，各時間 t のときの運動の速度を表わしている。

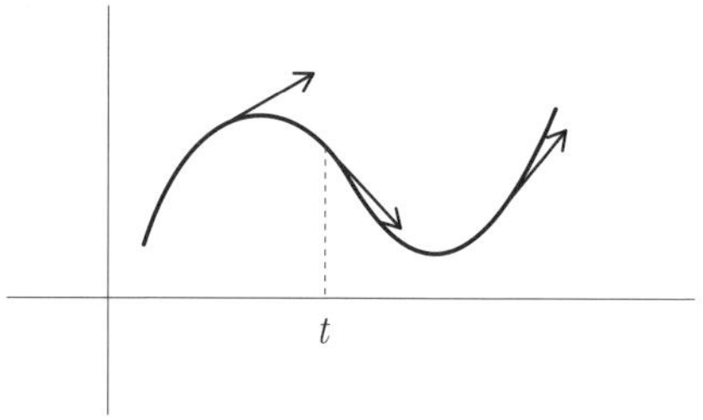

■ベクトルという言葉の語源

ベクトルという言葉の語源はラテン語で，英語の carry に相当する動詞を veho というところからきているようである。

実際，辞書を引いてみるとラテン語で vector という単語もあり，これは名詞では運搬人や旅行者などの意味であり，動詞では運ぶという意味になっている。

ベクトルは，平面上で考えるときもあるし，空間で考えるときもあるが，ここでは平面上のベクトルについて述べる。点 P から点 Q への変位を示すベクトルを $\overrightarrow{PQ}$ と表わすことにする。P＝Q のときは 1 点になるが，これもベクトルと考えるときには $\overrightarrow{PP}$ と表わす。ベクトルは，点が変化した状況だけに注目しているので，図のように $\overrightarrow{PQ}$ を平行移動したベクトル $\overrightarrow{P'Q'}$ も，$\overrightarrow{P''Q''}$ も同値なベクトルとし，同じベクトルと考える。

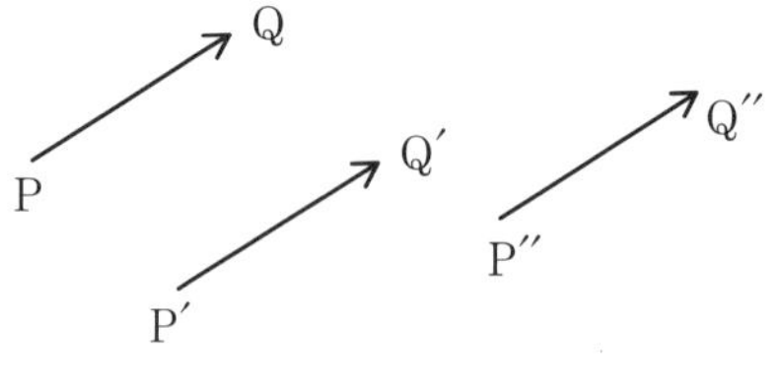

2つのベクトル$\overrightarrow{PQ}$と$\overrightarrow{QR}$の和は，それぞれの変位を続けて行なったものとし，「平行四辺形の法則」として

$$\overrightarrow{PQ}+\overrightarrow{QR}=\overrightarrow{PR}$$

によって定義する。

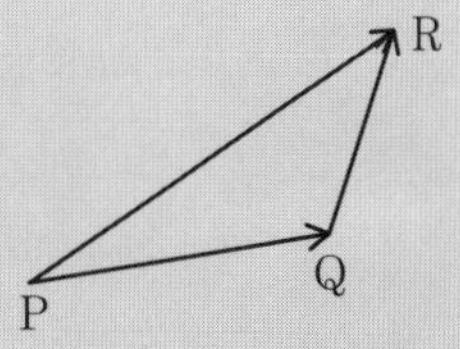

またベクトルに実数α(物理ではベクトルに対してスカラーということが多い)をかける演算を次のように定義する。

$\alpha \geqq 0$のときは，$\alpha \overrightarrow{PQ}$は，$\overrightarrow{PQ}$を同じ向きに$\alpha$倍延ばしたベクトル，$\alpha<0$のときは，$\overrightarrow{PQ}$を逆向きにした$\overrightarrow{QP}$を$|\alpha|$倍延ばしたベクトルと定義する。

このようにして平面上のベクトル全体に，加法と実数をかける演算が定義されたが，これはすぐに確かめられるように，平面上のベクトルの集合に「線形な構造」を与えたものとなっている。したがって平面のベクトルの全体は線形空間をつくっている。

しかしこの線形空間を構成するベクトルは，**「数」とは直接のつながりはない。**この線形空間を数と結びつけるためには平面に**座標**を導入する必要がある。すなわち平面上に直交するx軸，y軸をとって，**座標平面**とし，ベクトル$\overrightarrow{PQ}$の始点Pを座標原点におくと，ベクトルは終点Qの位置だけで決まり，それはQの座標(a,b)として示される。このようにして

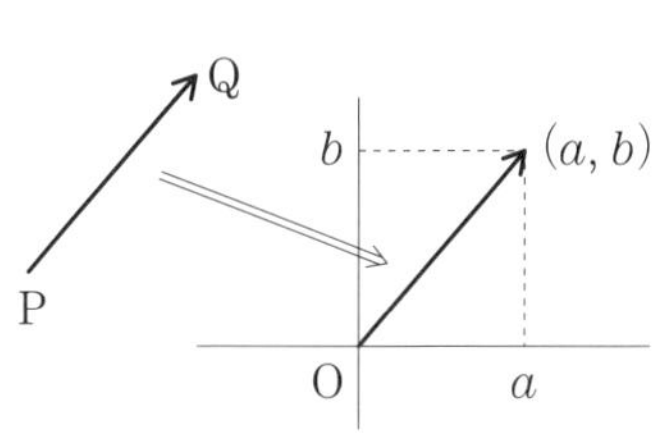

$$\overrightarrow{PQ} \Longleftrightarrow (a,b)$$

というベクトルと座標との対応がついた。

このときこの対応によって $\overrightarrow{\mathrm{QR}} \Longleftrightarrow (c, d)$ とすると

$$\overrightarrow{\mathrm{PQ}}+\overrightarrow{\mathrm{QR}}=\overrightarrow{\mathrm{PR}} \quad \Longleftrightarrow \quad (a, b)+(c, d)=(a+c, b+d)$$

$$\alpha\,\overrightarrow{\mathrm{PQ}} \quad \Longleftrightarrow \quad \alpha(a, b)=(\alpha a, \alpha b)$$

となり，ベクトルの演算は，座標を通して数の演算として表わされる。線形の構造という視点に立てば，左辺も右辺も，同じ構造を表わしている。実際は右辺の表わし方は，座標軸のとり方によって変わるのだが，それでも線形の構造自身は変わらないということは，左辺が座標と無関係に定義されているからである。この対応で平面のベクトルの集合は $\boldsymbol{R}^2$ と同じ線形構造をもっている。

空間のベクトルは，同じようにベクトル $\overrightarrow{\mathrm{PQ}}$ の始点 P を，空間座標系の座標原点としてとれば，終点 Q は座標

$$(a_1, a_2, a_3)$$

によって表わすことができる。このとき空間のベクトルの線形構造は，座標成分のたし算と，座標成分を α 倍することで表わされる。

しかし力学で，平面や空間を運動する 2 つ以上の動点の動きを調べようとすると，これらの動点の動きをベクトル表示を通して幾何学的に調べることは不可能になってくる。動点の相互の関係をベクトルとして図で表わし，追っていくことはできないからである。そのためそれぞれの動点の座標成分を使って調べることになる。

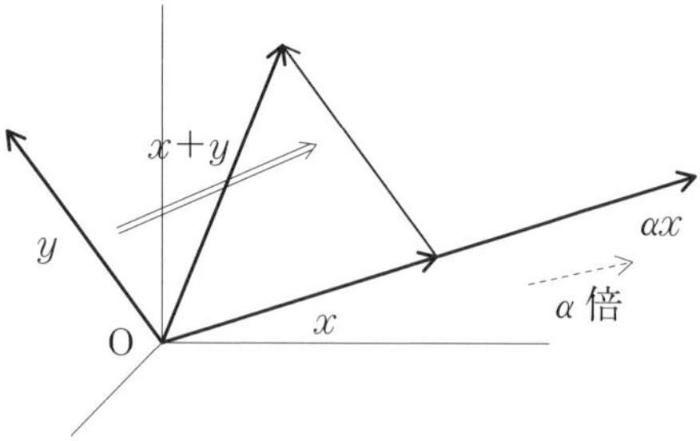

空間の場合の $x+y$ と αx の図示

たとえば，空間の n 個の動点 $\mathrm{P}_1, \mathrm{P}_2, \cdots, \mathrm{P}_n$ の位置は，空間に 1 つ座標をとって，P_k の座標を

$$(a_k, b_k, c_k)$$

と表わしたとき，$3n$ 次元の空間の点として

$$(a_1, b_1, c_1, \cdots, a_k, b_k, c_k, \cdots, a_n, b_n, c_n)$$

と表わされることになる。そしてたとえば，$P_1, P_2, \cdots, P_n$ が時間とともに相互に関係し合って生ずるような力学的な状況は，この $3n$ 個の座標を通して調べられることになる。すなわちこの n 個の動点の力学を表現する場は $\boldsymbol{R}^{3n}$ なのである。

こうして力学におけるベクトルは，数の世界へとうつしかえられ，線形空間の点として表現されてくるのである。線形空間は，そこで数学の基礎的な場として大きな広がりをみせてくる。

3 有限次元と無限次元

線形空間は大きく 2 つに分類される。1 つは**有限次元の線形空間**であり，もう 1 つは**無限次元の線形空間**である。

実数 $\boldsymbol{R}$ は 1 次元，座標平面の座標 (x, y) の集合は 2 次元の線形空間 $\boldsymbol{R}^2$ をつくっている。n 個の実数の組 $(a_1, a_2, \cdots, a_n)$ のつくる線形空間が $\boldsymbol{R}^n$ である。しかしここで空間的な表象を外して，線形の構造という立場でみてみることにしよう。

有限次元の線形空間については，次章でくわしく述べるが，ここではまず n 次元の線形空間について簡単に述べておくことからはじめよう。

一般に線形空間 V のなかに n 個のベクトル $e_1, e_2, \cdots, e_n$ があって，V のどんなベクトル x をとっても，必ずただ一通りに

$$x = a_1e_1 + a_2e_2 + \cdots + a_ne_n$$

と表わされるとき，V を **n 次元の線形空間**という。そしてこのとき $\{e_1, e_2, \cdots, e_n\}$ を V の**基底**という。

V が n 次元のとき，

$$x = a_1e_1 + a_2e_2 + \cdots + a_ne_n \longrightarrow (a_1, a_2, \cdots, a_n)$$
$$y = b_1e_1 + b_2e_2 + \cdots + b_ne_n \longrightarrow (b_1, b_2, \cdots, b_n)$$

という対応を考えると，この対応はVから$\boldsymbol{R}^n$の上への1対1の対応となって，さらに

$$x+y \longrightarrow (a_1+b_1, a_2+b_2, \cdots, a_n+b_n)$$
$$\alpha x \quad \longrightarrow (\alpha a_1, \alpha a_2, \cdots, \alpha a_n)$$

となる。

したがって線形空間Vの構造は，基底$\{e_1, e_2, \cdots, e_n\}$を通してそっくりそのまま$\boldsymbol{R}^n$へとうつされる。この状況を，$V$と$\boldsymbol{R}^n$は**同型**であるといい表わす。したがって

「n次元の線形空間とは，$\boldsymbol{R}^n$と同型な線形空間である」

といってもよいことになる。

たとえば，高々4次の整式全体は

{定数，1次式，2次式，3次式，4次式}

からなるが，これらの整式は，実数a_0, a_1, a_2, a_3, a_4を係数としてとると，ただ一通りに

$$a_0 + a_1x + a_2x^2 + a_3x^3 + a_4x^4$$

と表わされ，たし算と，実数をかけることで線形空間の構造をもっている。そしてこの線形空間の基底として

$$\{1, x, x^2, x^3, x^4\}$$

をとることができる。したがってこの線形空間は$\boldsymbol{R}^5$と同型になっている。

同じように考えると，高々2次式の全体がつくる線形空間は$\boldsymbol{R}^3$と同型になる。高々2次式という概念は代数の世界にあり，一方$\boldsymbol{R}^3$は座標空間として空間を表現する場となっている。これを線形の構造という立場に立って，同じ視点で見ることができるようになったのは，数学が20世紀を迎えてからのことなのである。

次に有限次元でない線形空間の例についても述べておこう。

高々 n 次の多項式全体のつくる線形空間を P_n と表わすと

$$P_0 \subset P_1 \subset P_2 \subset \cdots \subset P_n \subset \cdots$$

となり，線形空間としての次元は，1次元，2次元，…，$(n+1)$次元とどんどん上っていく。和集合の記号を使って

$$P = \cup_{n=0}^{\infty} P_n$$

と表わすと，P は多項式全体がつくる集合となり，P は線形空間の構造をもっているが，P は有限次元ではなくなっている。P のなかに有限個の基底を見出すことはできないのである。このとき P は無限次元の線形空間であるという。それでも P の要素は，

$$\{1, x, x^2, \cdots, x^n, \cdots\}$$

から適当に有限個とって，それによって多項式として一意的に表わすことができるから，無限個の基底をもつ線形空間であるといえるかもしれない。

多少視点をかえてみることにしよう。区間 $[0,1]$ で定義された連続関数のつくる集合 $C[0,1]$ は，関数のたし算 $f+g$ と，関数 f に実数 α をかける演算 αf で，線形空間の構造をもつ。しかし連続関数は多様であり，それは代数的な概念で与えられているわけではないから，ここでは基底の役目をするような関数はない。$C[0,1]$ は無限次元の線形空間となる。線形性は代数の枠を越えて，解析の世界へも入っていくのである。

もっと一般の無限次元の線形空間の例としては次のようなものもある。かってにとった1つの無限集合を M とする。M から $\boldsymbol{R}$ への写像全体全体のつくる集合を V とすると，$\varphi, \psi \in V$ に対して

$$\varphi(x) + \psi(x), \quad \alpha\varphi(x)$$

は，やはり集合 M から $\boldsymbol{R}$ への写像となっているから，V は線形空間である。M が無限集合であることに注意すると，V が有限次元でないことはすぐに確かめられる。この線形空間 V は，空間的な表象をいっさいもっていない。

線形空間の有限次元性，無限次元性は，線形空間の内部構造だけにかか

わるものである。私の感じからいえば，有限次元の場合には，座標空間のような空間的なイメージを線形空間のうしろにおくことができる。しかし無限次元になると，一般には対象は関数の集合となり，加法とスカラー積という代数演算と，解析学の立場を導入した場合には，そこに微分，積分というような関数演算が加わってくることになる。

線形という構造は，加法と数がはたらく対象を広く大きく包括しようとするものなのである。

トピックス　百年も眠っていたブール代数

線形性は，演算のなかから加法とスカラー積に注目し，それを構造として集合の上に与えたものであったが，演算規則は代数のなかから生まれ，それはもともと抽象的なものであった。

このような演算規則に注目する抽象数学への胎動というべきものは，19世紀後半からはじまっていた。ハミルトンは1867年に4元数を発見し，ここで乗法が非可換となる数体系がはじめて誕生した。同じ頃，ケーリーとシルベスターが行列論を，またフロベニウスが群の概念を提起している。しかしそのような流れとは別に，演算のもつ抽象的なはたらきに注目して，さらに普遍的なはたらきにしようというブールの大胆な提案もあった。

1847年に，ブールは『論理の数学的解析』という小冊子を刊行した。そして数年後，この内容を「思考法則の研究」と題し，そこに次の命題をおいた。

命題　言語のすべてのはたらきは，理性の道具として次の要素から成る記号のシステムによって導かれる。

1. 文字記号 x, y などは，概念の主題となっているものを表わす。
2. 演算の記号＋，－，×などは，事物の概念が，同じ要素を含むさらに新しい概念を形成するために，結びついたり，あるいは分解することを意図する作用を表わすものである。

3.　恒等を表わす記号＝.

そしてこれらの論理記号は，代数学における対応する記号のはたらきと一致することもあり，多少違うこともあるが，ある決まった法則によって用いられる。

このブールの考えは，ほとんど取り上げられることもなく一世紀近く眠っていたが，現在ではブール代数として体系化され，論理学や集合論に適用されるだけでなく，コンピュータの回路設計などにも適用されているようである。ブールは記号のはたらきだけに注目したが，ブルバキはそのはたらきが，数学という学問の内部構造に深くかかわっていることを明確にしたのである。

4 線形写像

線形空間の構造は，明快で広く見通しはよいのだが，そのためかえってこの上でどんな数学が展開するのか予想がつかないところがある。実際は研究の中心となるのは線形空間から線形空間への**線形写像**とよばれる写像である。それはちょうど実数の上で展開する数学は，実数から実数への写像，すなわち関数が主要な対象となるのに似ている。

線形写像とは，線形空間 V から線形空間 W への写像 T であって，$x, y \in V$,　$\alpha, \beta \in \boldsymbol{R}$ に対し

$$T(\alpha x+\beta y) = \alpha T(x)+\beta T(y)$$

をみたすものである。これは V における $\alpha x+\beta y$ という線形の構造を，写像 T によって W にうつしても，$\alpha T(x)+\beta T(y)$ という W の線形構造のなかにそのままうつされることを示している。

線形写像の研究は，有限次元の場合と，無限次元の場合とではそれぞれ数学の異なる方向に向けて展開していく。

有限次元の場合は，多くの文字を含む1次式からなる代数の世界であり，そこに行列論が展開し，また連立1次方程式の解法と関連して行列式が入ってくる。この理論体系を総括して，‘**線形代数**’ということがある。

無限次元の場合は，対象は関数のつくる線形空間上の線形写像である。ここでは，関数を微分することも，積分することも線形写像とみることになる。この視点は，20世紀数学のなかで大きく展開した‘**関数解析学**’という分野を育てていくことになった。

これからこの2つの場合における線形写像に対する研究の視点について簡単に述べておこう。

［**有限次元の場合**］

ここでは$\boldsymbol{R}^2$から$\boldsymbol{R}^2$への線形写像Tについてまず考えてみる。

いま$\boldsymbol{R}^2$の座標軸の上にのっている基底ベクトル$e_1=(1,0)$, $e_2=(0,1)$をとる。このとき$\boldsymbol{R}^2$のベクトルxは，座標成分α, βによって

$$x = \alpha e_1 + \beta e_2$$

と表わされる。このベクトルをTでうつすと

$$T(x) = T(\alpha e_1 + \beta e_2) = \alpha T(e_1) + \beta T(e_2)$$

となる。$T(e_1), T(e_2)$の成分を‘縦ベクトル’として表わして

$$T(e_1) = \begin{pmatrix} a \\ c \end{pmatrix}, \quad T(e_2) = \begin{pmatrix} b \\ d \end{pmatrix}$$

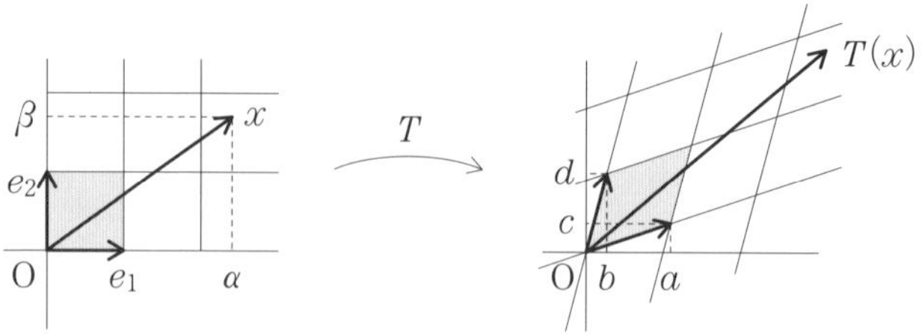

とする(図参照)。そうすると T の線形性によって

$$T(x) = \alpha\begin{pmatrix} a \\ c \end{pmatrix} + \beta\begin{pmatrix} b \\ d \end{pmatrix} = \begin{pmatrix} \alpha\, a \\ \alpha\, c \end{pmatrix} + \begin{pmatrix} \beta\, b \\ \beta\, d \end{pmatrix} = \begin{pmatrix} \alpha\, a + \beta\, b \\ \alpha\, c + \beta\, d \end{pmatrix} \quad (*)$$

と表わされる。

ここで 2 次の行列とよばれている記号

$$\begin{pmatrix} a & b \\ c & d \end{pmatrix} \quad (\dagger)$$

を導入して，(∗)を

$$T(x) = \begin{pmatrix} a & b \\ c & d \end{pmatrix}\begin{pmatrix} \alpha \\ \beta \end{pmatrix}$$

とかき直す。この右辺の記号の示す演算ルールは

$$\begin{pmatrix} a\alpha + b\beta \\ c\alpha + d\beta \end{pmatrix} = \begin{pmatrix} a \rightarrow b \\ c \rightarrow d \end{pmatrix}\begin{pmatrix} \alpha \\ \beta \end{pmatrix}\downarrow$$

(矢印の方向にかけてたす)

となる。こうして $\boldsymbol{R}^2$ から $\boldsymbol{R}^2$ への線形写像は，2 次の行列とよばれる(†)で表わされることになった。

同じように $\boldsymbol{R}^3$ から $\boldsymbol{R}^3$ への線形写像は，3 次の行列

$$\begin{pmatrix} a_{11} & a_{12} & a_{13} \\ a_{21} & a_{22} & a_{23} \\ a_{31} & a_{32} & a_{33} \end{pmatrix}$$

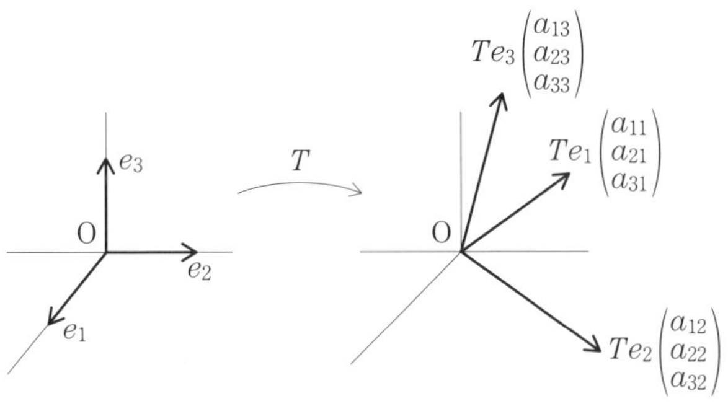

で表わされる。

一般に$\boldsymbol{R}^n$から$\boldsymbol{R}^n$への線形写像の理論は，線形写像をn次の行列として表現して，行列の理論として展開していくのである。このとき基本的な問題となるのは次のことである。$\boldsymbol{R}^n$をn次元の線形空間とみると，基底ベクトルのとり方はいろいろある。たとえば斜交座標系の基底ベクトルをとってもよい。基底ベクトルの選び方によって，線形写像を行列として表わす表わし方はいろいろに変わる。1つの線形写像が与えられたとき，この線形写像を表わす行列をできるだけ簡単なものにするには，どのように基底ベクトルをとったらよいか。これが行列論のなかでは基本的な問題となってくる。

無限次元の場合は，私たちの視線は関数のつくる空間に向けられてくる。そこでの線形写像で重要なものは，微分や積分のはたらきから得られるものが多い。

たとえば，区間$[0,1]$上で定義された連続関数全体のつくる線形空間$C[0,1]$を考えてみる。このとき$f(x)$に対して，$f(x)$の積分値$\int_0^1 f(x)dx$を対応させる対応$\boldsymbol{\Phi}$を考えてみると

$$\begin{aligned}\boldsymbol{\Phi}(\alpha f+\beta g) &= \int_0^1(\alpha f(x)+\beta g(x))dx \\ &= \alpha\int_0^1 f(x)dx+\beta\int_0^1 g(x)dx \\ &= \alpha\,\boldsymbol{\Phi}(f)+\beta\,\boldsymbol{\Phi}(g).\end{aligned}$$

したがって$\boldsymbol{\Phi}$は，$C[0,1]$から$\boldsymbol{R}$への線形写像となっている。

また区間$[0,1]$上で定義された微分可能な関数全体のつくる線形空間を$C^1[0,1]$とすると

$$\boldsymbol{\Psi} : f \longrightarrow f+f'$$

は，$C^1[0,1]$から連続関数のつくる空間$C[0,1]$への線形写像となっている。この空間で考えると，微分方程式

$$y'+y = 2\sin x$$

を解くことは,

$$\boldsymbol{\Psi}(f) = 2\sin x$$

となる f は何かという，線形写像の問題となってくる。このような関数 f としては，たとえば $f(x)=\sin x-\cos x$ がある。

なお，線形空間がこのように関数空間として与えられる場合には，一般には線形写像とはいわないで，**線形作用素**，または単に**作用素**ということが多い。作用素は英語では operator である。微分したり，積分したりする解析的な演算は，関数空間では，その上にはたらく‘オペレータ’となるのである。

第1部

有限次元の線形空間

具象空間のなかの代数構造

1章 基底と線形写像

次元という言葉を日常使うときには，1 次元は直線，2 次元は平面，3 次元は空間，4 次元以上は SF の世界ということになる。このような私たちを取りまいている空間的な描像から切り離して，次元という言葉がまったく代数的な意味をもつ概念として広く数学のなかに使われるようになったのは，やはり 20 世紀になってからのことかもしれない。演算の抽象化から生まれた代数が，空間概念の抽象化にまで進んだことは，注目すべきことである。

次元という概念を線形性のなかでとらえるのは，ベクトルの 1 次独立という概念である。ちょうど n 個の 1 次独立なベクトルをもつ線形空間が n 次元である。このような 1 次独立なベクトルを線形空間の基底というが，基底を与えると，n 個の数の組からなる座標が決まる。この座標を通して私たちは線形空間に空間表象を感ずることができるようである。

2 つの線形空間のあいだの線形写像とは，線形性を保つ写像のことである。それぞれの空間に基底をとっておくと，線形空間は座標空間となり，線形写像は座標のあいだの線形対応となる。このとき線形写像は，行列とよばれる数のブロックで表わすことができる。行列は抽象的な線形写像の概念を，数のなかで表現し，線形写像のあいだのさまざまな関係を，数の演算を通して，行列のあいだの演算関係として表現することに成功した。

1 基底と次元

線形空間とは，そのなかで加法と，数をかける演算が自由にできるような集合である。線形空間の要素を**ベクトル**といい，ベクトルに数をかける演算を**スカラー積**という。この数‘スカラー’として実数をとるときと，複素数をとるときとがある。実数をとるときは**実線形空間**，複素数をとるときは**複素線形空間**という。この章では，実線形空間を取り扱うが，基本的な性質は，数をスカラーとしてはたらかすときには，実数でも複素数でも同様に成り立つ。

本章の主題は有限次元の線形空間である。ここではベクトルは太字で表わす。以下の3つは，一般の線形空間にとっても基本概念となっている。

Vを線形空間とする。

［**1次結合**］ Vのベクトル$\boldsymbol{x}_1, \boldsymbol{x}_2, \cdots, \boldsymbol{x}_k$が与えられたとき

$$\alpha_1\boldsymbol{x}_1+\alpha_2\boldsymbol{x}_2+\cdots+\alpha_k\boldsymbol{x}_k$$

と表わされるベクトルを，$\boldsymbol{x}_1, \boldsymbol{x}_2, \cdots, \boldsymbol{x}_k$の**1次結合**，または$\boldsymbol{x}_1, \boldsymbol{x}_2, \cdots, \boldsymbol{x}_k$の**線形結合**という。

［**1次独立**］ ベクトル$\boldsymbol{x}_1, \boldsymbol{x}_2, \cdots, \boldsymbol{x}_k$に対して，関係式

$$\alpha_1\boldsymbol{x}_1+\alpha_2\boldsymbol{x}_2+\cdots+\alpha_k\boldsymbol{x}_k=0$$

が成り立つのは，$\alpha_1=\alpha_2=\cdots=\alpha_k=0$のときに限るとき，$\boldsymbol{x}_1, \boldsymbol{x}_2, \cdots, \boldsymbol{x}_k$は**1次独立**であるという。

1次独立なベクトルでは，1つのベクトル，たとえば$\boldsymbol{x}_1$を残りの$\boldsymbol{x}_2$,

$\cdots, \boldsymbol{x}_k$ の１次結合として表わすことはできない。もし

$$\boldsymbol{x}_1 = \beta_2 \boldsymbol{x}_2 + \beta_3 \boldsymbol{x}_3 + \cdots + \beta_k \boldsymbol{x}_k$$

と表わされれば，$-\boldsymbol{x}_1 + \beta_2 \boldsymbol{x}_2 + \beta_3 \boldsymbol{x}_3 + \cdots + \beta_k \boldsymbol{x}_k = 0$ という関係が成り立ち，１次独立性に反するからである。

> **［1 次従属］**　ベクトル $\boldsymbol{x}_1, \boldsymbol{x}_2, \cdots, \boldsymbol{x}_k$ が１次独立でないとき，すなわち
>
> $$\alpha_1 \boldsymbol{x}_1 + \alpha_2 \boldsymbol{x}_2 + \cdots + \alpha_k \boldsymbol{x}_k = 0$$
>
> という関係が $\alpha_1 = \alpha_2 = \cdots = \alpha_k = 0$ 以外でも成り立つとき，$\boldsymbol{x}_1, \boldsymbol{x}_2, \cdots, \boldsymbol{x}_k$ は**１次従属**であるという。

$\boldsymbol{x}_1, \boldsymbol{x}_2, \cdots, \boldsymbol{x}_k$ が１次従属としよう。このとき

$$\alpha_1 \boldsymbol{x}_1 + \alpha_2 \boldsymbol{x}_2 + \cdots + \alpha_k \boldsymbol{x}_k = 0$$

という関係が $\alpha_1 \neq 0$ に対して成り立ったとすれば

$$\boldsymbol{x}_1 = \left(-\frac{\alpha_2}{\alpha_1}\right)\boldsymbol{x}_2 + \cdots + \left(-\frac{\alpha_k}{\alpha_1}\right)\boldsymbol{x}_k$$

となり，$\boldsymbol{x}_1$ は $\boldsymbol{x}_2, \cdots, \boldsymbol{x}_k$ の１次結合として表わされることになる。x_1 の動きは，$x_2, \cdots x_k$ の動きに従属しているのである。

序章３節では，有限次元性について述べたが，ここではより抽象的な立場に立ち，線形空間の有限次元性という概念を導入していくことにしよう。

まず，線形空間 V が**有限生成的**であるとは，V のなかに有限個のベクトル $\boldsymbol{u}_1, \boldsymbol{u}_2, \cdots, \boldsymbol{u}_l$ があって，V のどんなベクトルも，$\boldsymbol{u}_1, \boldsymbol{u}_2, \cdots, \boldsymbol{u}_l$ の１次結合として表わされることである。このとき V は $\boldsymbol{u}_1, \boldsymbol{u}_2, \cdots, \boldsymbol{u}_l$ から生成されるという。

線形空間 V が $\boldsymbol{u}_1, \boldsymbol{u}_2, \cdots, \boldsymbol{u}_l$ から生成されているとしよう。$\boldsymbol{u}_1, \boldsymbol{u}_2, \cdots, \boldsymbol{u}_l$ を順にみていくと，u_1 と u_2 は１次独立でも，$\boldsymbol{u}_3$ は $\boldsymbol{u}_1$ と $\boldsymbol{u}_2$ の１次結合として表わされることがある。このとき $\{\boldsymbol{u}_1, \boldsymbol{u}_2, \cdots, \boldsymbol{u}_l\}$ のなかから $\boldsymbol{u}_3$ は除いておく。こうして前のものの１次結合として表わされる $\boldsymbol{u}_i$ を除いていくと，最後に $\{\boldsymbol{e}_1, \boldsymbol{e}_2, \cdots, \boldsymbol{e}_n\}$ という１次独立なベクトルが残る。

この $\{\boldsymbol{e}_1, \boldsymbol{e}_2, \cdots, \boldsymbol{e}_n\}$ は次の性質をもつ。

(A)　V のどんな $\boldsymbol{x}$ をとっても次のように表わされる。

$$\boldsymbol{x} = \alpha_1\boldsymbol{e}_1+\alpha_2\boldsymbol{e}_2+\cdots+\alpha_n\boldsymbol{e}_n$$

(B)　この右辺の表わし方はただ一通りである。

(A)は，V のどんなベクトル $\boldsymbol{x}$ も，$\boldsymbol{u}_1, \boldsymbol{u}_2, \cdots, \boldsymbol{u}_l$ の1次結合として表わされることから明らか。(B)は次のようにしてわかる。$x=\alpha_1\boldsymbol{e}_1+\cdots+\alpha_n\boldsymbol{e}_n=\beta_1\boldsymbol{e}_1+\cdots+\beta_n\boldsymbol{e}_n$ とすると $(\alpha_1-\beta_1)\boldsymbol{e}_1+\cdots+(\alpha_n-\beta_n)\boldsymbol{e}_n=0$ となり，1次独立性の定義により，$\alpha_1-\beta_1=\cdots=(\alpha_n-\beta_n)=0$．したがって $\alpha_1=\beta_1, \cdots, \alpha_n=\beta_n$ となる。

【定義】 有限生成的な線形空間 V を**有限次元の線形空間**という。このとき(A), (B)をみたす$\{\boldsymbol{e}_1, \boldsymbol{e}_2, \cdots, \boldsymbol{e}_n\}$を V の**基底**という。

V の基底のとり方はいろいろあるが，これについて次の定理が成り立つ。

定理　有限次元の線形空間 V では，基底をつくるベクトルの個数は一定である。

［**証明**］ 背理法を用いて証明する。すなわち V に異なる2つの基底

$$\{\boldsymbol{e}_1, \boldsymbol{e}_2, \cdots, \boldsymbol{e}_n\},\ \{\boldsymbol{f}_1, \boldsymbol{f}_2, \cdots, \boldsymbol{f}_m\}$$

があり，ここで $n<m$ として矛盾の生ずることをみることにする。

厳密に示すには n についての帰納法によるが，ここではどのようにして矛盾を導くかの考え方だけを述べることにする。

$\boldsymbol{f}_1, \boldsymbol{f}_2, \cdots, \boldsymbol{f}_m$ を基底 $\{\boldsymbol{e}_1, \boldsymbol{e}_2, \cdots, \boldsymbol{e}_n\}$ によって表わしたものを

$$\boldsymbol{f}_1 = a_{11}\boldsymbol{e}_1+a_{12}\boldsymbol{e}_2+\cdots+a_{1n}\boldsymbol{e}_n$$
$$\boldsymbol{f}_2 = a_{21}\boldsymbol{e}_1+a_{22}\boldsymbol{e}_2+\cdots+a_{2n}\boldsymbol{e}_n$$
$$\cdots\cdots$$
$$\boldsymbol{f}_m = a_{m1}\boldsymbol{e}_1+a_{m2}\boldsymbol{e}_2+\cdots+a_{mn}\boldsymbol{e}_n$$

とする。このとき

$$\boldsymbol{\alpha}_1 \boldsymbol{f}_1 + \boldsymbol{\alpha}_2 \boldsymbol{f}_2 + \cdots + \boldsymbol{\alpha}_m \boldsymbol{f}_m = 0 \qquad (*)$$

を成り立たせるような $\alpha_1, \alpha_2, \cdots, \alpha_m$ が，$\alpha_1 = \alpha_2 = \cdots = \alpha_m = 0$ 以外にも存在することが示されれば，$\{\boldsymbol{f}_1, \boldsymbol{f}_2, \cdots, \boldsymbol{f}_m\}$ が 1 次独立であることに反して矛盾が生じ，背理法による証明が終ることになる。

（＊）の式を基底 $\{\boldsymbol{e}_1, \boldsymbol{e}_2, \cdots, \boldsymbol{e}_n\}$ について表わして，それぞれの成分が 0 であるという式をかくと

$$(a_{11}\alpha_1 + a_{21}\alpha_2 + \cdots + a_{m1}\alpha_m)\boldsymbol{e}_1 + \cdots + (a_{1n}\alpha_1 + a_{2n}\alpha_2 + \cdots + a_{mn}\alpha_m)\boldsymbol{e}_m = 0$$

から，$\alpha_1, \alpha_2, \cdots, \alpha_m$ に関する n 個の連立方程式

$$\begin{gathered} a_{11}\alpha_1 + a_{21}\alpha_2 + \cdots + a_{m1}\alpha_m = 0 \\ a_{12}\alpha_1 + a_{22}\alpha_2 + \cdots + a_{m2}\alpha_m = 0 \\ \cdots\cdots \\ a_{1n}\alpha_1 + a_{2n}\alpha_2 + \cdots + a_{mn}\alpha_m = 0 \end{gathered}$$

が得られる。

$n < m$ と仮定していたので，未知数の個数 m にくらべて，それを縛る方程式はそれより少ない n 個しかない。このとき一般には少なくとも $(m-n)$ 個の未知数はかってな値をとることができる。したがって $\alpha_1 = \alpha_2 = \cdots = \alpha_m = 0$ 以外にも（＊）の解があることになる。これで背理法により定理が証明された。（証明終り）

これからベクトル空間というときには，有限次元のベクトル空間だけを考えることにする。

【定義】 ベクトル空間 V において，基底を与えるベクトル $\boldsymbol{e}_1, \boldsymbol{e}_2, \cdots, \boldsymbol{e}_n$ の個数 n を V の**次元**といい

$$n = \dim V$$

と表わす。

$\boldsymbol{R}^2$ は，2つの実数の組(α_1, α_2)からなる集合であるが，線形空間の立場に立てば，$\boldsymbol{R}^2$ は基底ベクトル $\boldsymbol{e}_1=(1, 0)$, $\boldsymbol{e}_2=(0, 1)$によって，$\alpha_1\boldsymbol{e}_1+\alpha_2\boldsymbol{e}_2$ と表わされる線形空間である。$\boldsymbol{e}_1, \boldsymbol{e}_2$ は，座標平面上ではそれぞれ x 軸，y 軸の基底ベクトルとなっている。

一般に $\boldsymbol{R}^n$ は，n 個の実数の組$(\alpha_1, \alpha_2, \cdots, \alpha_n)$からなる線形空間であり，そのベクトルは基底ベクトル $\boldsymbol{e}_1=(1, 0, \cdots, 0)$, $\boldsymbol{e}_2=(0, 1, 0, \cdots, 0)$, $\cdots$, $\boldsymbol{e}_n=(0, \cdots, 0, 1)$によって $\alpha_1\boldsymbol{e}_1+\alpha_2\boldsymbol{e}_2+\cdots+\alpha_n\boldsymbol{e}_n$ と表わされる。ここではこの線形空間が座標$(\alpha_1, \alpha_2, \cdots, \alpha_n)$を通して，数の世界に表現されてくるという見方に立つことになる。

トピックス　**ベクトル空間における次元とは**

1次独立，1次従属は，線形空間では基本的な概念である。2次元 $\boldsymbol{R}^2$，3次元 $\boldsymbol{R}^3$ をそれぞれ座標平面，座標空間として図示すれば，1次独立なベクトルは互いに独立な方向を向いているベクトルのことである。それは $\boldsymbol{R}^2$ のときは多くとも2本，$\boldsymbol{R}^3$ のときは多くとも3本である。

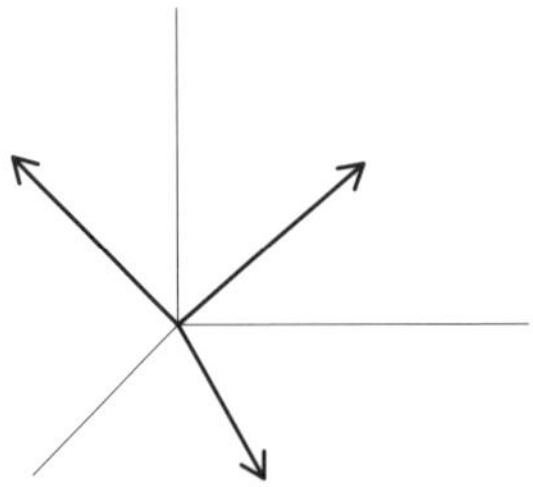

$\boldsymbol{R}^3$ の1次独立なベクトル

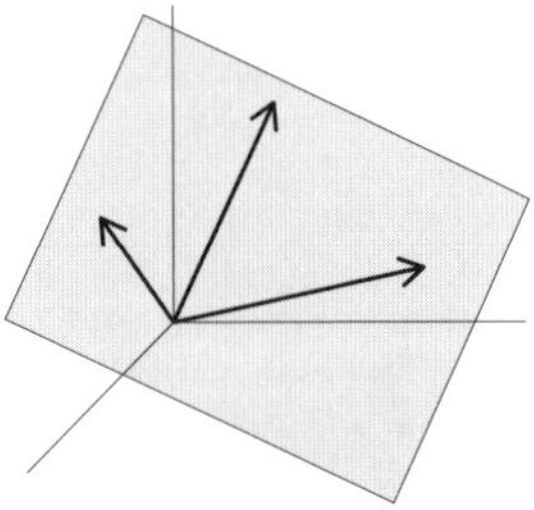

$\boldsymbol{R}^3$ の1次従属なベクトル
（同一平面上にのっている）

しかし4次元のベクトル空間 $\boldsymbol{R}^4$ になると，空間的な描像がなくなるので，4つのベクトルが1次独立か，1次従属かということは，ベクトルの位置関係のようなもので確かめることができなくなって，上で述べたような抽象的な概念として与えることになってしまう。たとえば，$\boldsymbol{R}^4$ の4つ

のベクトル $\boldsymbol{x}_1=(2,3,-2,3)$, $\boldsymbol{x}_2=(5,0,2,1)$, $\boldsymbol{x}_3=(-1,1,-1,0)$, $\boldsymbol{x}_4=(-1,1,-2,2)$は，$\boldsymbol{x}_1=\boldsymbol{x}_2+2\boldsymbol{x}_3+\boldsymbol{x}_4$ となって1次従属だが，$\boldsymbol{x}_1$ を$\tilde{\boldsymbol{x}}_1=(3,1,0,3)$に置き換えると $\tilde{\boldsymbol{x}}_1, \boldsymbol{x}_2, \boldsymbol{x}_3, \boldsymbol{x}_4$ は1次独立となる。このことを見分けるのは，そんなに簡単なことではないだろう。

2 線形写像と同型対応

これからこの第1部では，有限次元の線形空間だけを考えることにする。

V, W を2つの線形空間とする。V から W への写像 T が，

$$T(\alpha\boldsymbol{x}+\beta\boldsymbol{y}) = \alpha T(\boldsymbol{x})+\beta T(\boldsymbol{y}) \qquad (\boldsymbol{x},\boldsymbol{y}\in V,\quad \alpha,\beta\in\boldsymbol{R})$$

をみたすとき，T を**線形写像**という。構造という言葉を使えば，線形写像とは，V の線形構造を W の線形構造へうつす写像である。したがって3つの部分空間 U, V, W のあいだに線形写像 S, T が

$$U \xrightarrow{S} V \xrightarrow{T} W$$

と与えられていれば，合成写像 $T\circ S(\boldsymbol{x})=T(S(\boldsymbol{x}))$ は U から W への線形写像となる。

線形写像という概念に対しても構造という視点を導入することができる。

［**線形写像の構造**］

加法：V から W への2つの線形写像 S と T に対し，線形写像 $S+T$ を

$$(S+T)(\boldsymbol{x}) = S(\boldsymbol{x})+T(\boldsymbol{x})$$

と定義し，これを S と T の**和**という。

スカラー積：V から W への線形写像 T と $\boldsymbol{\alpha} \in \boldsymbol{R}$ に対し

$$(\boldsymbol{\alpha} T)(\boldsymbol{x}) = \boldsymbol{\alpha}(T(\boldsymbol{y}))$$

と定義し，これを T の $\boldsymbol{\alpha}$ による**スカラー積**という。

また S と T の合成写像 $T \circ S$ を T と S の**積**と考えることができる。

V から W への線形写像 T が，V から W の上への1対1写像のとき，逆写像

$$T^{-1} : W \longrightarrow V$$

もまた線形写像となる。このとき V の線形構造は，T によってそのまま V から W へとうつされている。このとき T を**同型写像**という。また V と W は同型な線形空間であるといい，記号で

$$V \cong W$$

と表わす。

同型写像は V の基底を W の基底へとうつすから，$V \cong W$ ならば $\dim V = \dim W$ である。逆に $\dim V = \dim W$ ならば，V と W の基底をそれぞれ $\{\boldsymbol{e}_1, \boldsymbol{e}_2, \cdots, \boldsymbol{e}_n\}$，$\{\boldsymbol{e}_1', \boldsymbol{e}_2', \cdots, \boldsymbol{e}_n'\}$ とすれば，$T(a_1\boldsymbol{e}_1 + a_2\boldsymbol{e}_2 + \cdots + a_n\boldsymbol{e}_n) = a_1\boldsymbol{e}_1' + a_2\boldsymbol{e}_2' + \cdots + a_n\boldsymbol{e}_n'$ は V から W への同型な対応を与える。したがって

$$V \cong W \Longleftrightarrow \dim\ V = \dim W$$

が成り立つ。

特に $\boldsymbol{R}^n$ は n 次元の線形空間である。したがって

$$V \cong \boldsymbol{R}^n \Longleftrightarrow \dim V = \dim \boldsymbol{R}^n = n$$

が成り立つ。このことは有限次元の線形空間の構造は，次元 n で完全に決まることを示している。次元は，線形空間に付与されたただ1つの固有

な量といってよいのである。

トピックス　**線形の構造という見方と抽象性**

$\boldsymbol{R}^1$ は数直線，$\boldsymbol{R}^2$ は座標平面，$\boldsymbol{R}^3$ は座標空間である。これらに対しては私たちははっきりとした空間的な描像をもっており，一般の $\boldsymbol{R}^n$ に対してもその感じは保たれている。しかし上の同型対応は，一般の線形空間に $\boldsymbol{R}^n$ を通して空間的な描像を必ずしも与えるものにはなっていない。たとえば高々 2 次の多項式

$$a_0+a_1x+a_2x^2$$

全体がつくる線形空間を P_2 とすると，P_2 の標準的な基底は $\{1, x, x^2\}$ である。しかし P_2 の基底として

$$\boldsymbol{e}_1 = 1+x, \quad \boldsymbol{e}_2 = -2+3x, \quad \boldsymbol{e}_3 = x^2+x+1$$

をとることもできる。

実際 $1=\frac{3}{5}\boldsymbol{e}_1-\frac{1}{5}\boldsymbol{e}_2$，$x=\frac{2}{5}\boldsymbol{e}_1+\frac{1}{5}\boldsymbol{e}_2$，$x^2=-\boldsymbol{e}_1+\boldsymbol{e}_3$ となって $\boldsymbol{P}_2$ の基底 $\{1, x, x^2\}$ は $\boldsymbol{e}_1, \boldsymbol{e}_2, \boldsymbol{e}_3$ によって表わされる。

P_2 のこの基底を通して，私たちが P_2 を $\boldsymbol{R}^3$ と重ねて見るような空間的描像をもつことは難しいだろう。

線形の構造という見方は，私たちがふだん学んでいる数学に，抽象性という視点を通してより広い世界への眺望を与えることになるのである。

ここで部分空間の概念を導入しておこう。

V を線形空間とする。V の部分集合 E で，E のなかだけで加法とスカラー積が自由にできるもの，すなわち

$$\boldsymbol{x}, y \in E \Longrightarrow \boldsymbol{x}+\boldsymbol{y} \in E \quad ; \quad \boldsymbol{x} \in E, \alpha \in \boldsymbol{R} \Longrightarrow \alpha\boldsymbol{x} \in E$$

をみたすものを，V の**部分空間**という。

V の 0 ベクトルだけからなる集合 E も例外的に部分空間と考えることもある。このときこの空間の次元は 0 とする。

Vを次元nの線形空間とし，EをVの部分空間とし

$$\dim E = k$$

とする。Eのなかで1次独立なベクトルは，もちろんVのなかでも1次独立だから

$$\dim E \leqq n$$

である。$\dim E = k$とする。$k<n$のときを考えよう。このときEの基底を$\{\boldsymbol{e}_1', \cdots, \boldsymbol{e}_k'\}$とする。$V$のなかに$\boldsymbol{e}_1', \cdots, \boldsymbol{e}_k'$と1次独立なベクトルがなければ，$k=n$となってしまう。したがっていまの場合$\boldsymbol{e}_1', \cdots, \boldsymbol{e}_k'$に1次独立なベクトル$\boldsymbol{e}_{k+1}'$がある。$k+1<n$ならば，$\boldsymbol{e}_1', \cdots, \boldsymbol{e}_{k+1}'$に1次独立な$V$のベクトル$\boldsymbol{e}_{k+2}'$がある。このように進んでいけば，$V$のなかの$n$個の1次独立なベクトル――$V$の基底――

$$\{\boldsymbol{e}_1', \cdots, \boldsymbol{e}_k', \boldsymbol{e}_{k+1}', \cdots, \boldsymbol{e}_n'\}$$

が得られる。$\boldsymbol{e}_{k+1}', \cdots, \boldsymbol{e}_n'$から生成されるベクトル空間を$F$とする。$F$のベクトルは$\alpha_{k+1}\boldsymbol{e}_{k+1}' + \cdots + \alpha_n \boldsymbol{e}_n'$と表わされている。

このとき，ベクトル空間Vは2つの部分空間E, Fの**直和**にわかれるといって

$$V = E \oplus F$$

と表わす。Vのベクトル$\boldsymbol{x}$はこのときただ1通りに

$$\boldsymbol{x} = \underbrace{\alpha_1\boldsymbol{e}_1' + \cdots + \alpha_k\boldsymbol{e}_k'}_{E} + \underbrace{\alpha_{k+1}\boldsymbol{e}_{k+1}' + \cdots + \alpha_n\boldsymbol{e}_n'}_{F}$$

と表わされる。EとFの共通部分$E \cap F$は$\{0\}$だけである。

3 線形写像と行列

線形空間は抽象的な対象である。1つの線形空間に限ればその構造自体

は簡明であって，その構造は前節で示したように次元だけで完全に決まる。線形代数とよばれる分野でさらに研究が進められているのは，2つの線形空間のあいだの線形写像についてである。

V と W をそれぞれ n 次元，m 次元の線形空間とし，T を V から W への線形写像とする。T は，V と W の線形空間の構造だけで決まる数学的な対象である。したがって T を調べるには，基底をとって得られる同型対応

$$V \cong \boldsymbol{R}^n, \qquad W \cong \boldsymbol{R}^m$$

を通して，$\boldsymbol{R}^n$ から $\boldsymbol{R}^m$ への線形写像を調べるとよい。この T は，mn 個の数を，縦 m，横 n に並べた行列として表現される。まずこのことから述べていこう。

ここでは $\boldsymbol{R}^n$ の基底 $\boldsymbol{e}_1, \cdots, \boldsymbol{e}_n$ と，$\boldsymbol{R}^m$ の基底 $\boldsymbol{f}_1, \cdots, \boldsymbol{f}_m$ をそれぞれ'縦ベクトル'として

$$\boldsymbol{e}_1 = \begin{pmatrix} 1 \\ 0 \\ \vdots \\ 0 \end{pmatrix}, \quad \cdots, \quad \boldsymbol{e}_n = \begin{pmatrix} 0 \\ \vdots \\ 0 \\ 1 \end{pmatrix} \Big\} n \qquad \boldsymbol{f}_1 = \begin{pmatrix} 1 \\ 0 \\ \vdots \\ 0 \end{pmatrix}, \cdots, \boldsymbol{f}_m = \begin{pmatrix} 0 \\ \vdots \\ 0 \\ 1 \end{pmatrix} \Big\} m$$

と表わす。そうすると $\boldsymbol{R}^n$ のベクトル $\boldsymbol{x}$ は，成分 $x_1, \cdots, x_n$ によって

$$\boldsymbol{x} = x_1\boldsymbol{e}_1 + x_2\boldsymbol{e}_2 + \cdots + x_n\boldsymbol{e}_n = \begin{pmatrix} x_1 \\ x_2 \\ \vdots \\ x_n \end{pmatrix}$$

と表わされる。$x_1, x_2, \cdots, x_n$ は，右辺では'縦ベクトル'として表わされている。

T を $\boldsymbol{R}^n$ から $\boldsymbol{R}^m$ への線形写像とする。このとき線形性から

$$\begin{aligned} T\boldsymbol{x} &= T(x_1\boldsymbol{e}_1 + x_2\boldsymbol{e}_2 + \cdots + x_n\boldsymbol{e}_n) \\ &= x_1T\boldsymbol{e}_1 + x_2T\boldsymbol{e}_2 + \cdots + x_nT\boldsymbol{e}_n \end{aligned} \qquad (*)$$

となる。$T\boldsymbol{e}_1, T\boldsymbol{e}_2, \cdots, T\boldsymbol{e}_n$ は，$\boldsymbol{R}^m$ のベクトルだから，基底 $\boldsymbol{f}_1, \boldsymbol{f}_2, \cdots, \boldsymbol{f}_m$ を使って表わせば，それぞれ'縦ベクトル'として

$$\boldsymbol{Te}_1 = \begin{pmatrix} a_{11} \\ a_{21} \\ \vdots \\ a_{m1} \end{pmatrix}, \quad \cdots, \quad \boldsymbol{Te}_2 = \begin{pmatrix} a_{12} \\ a_{22} \\ \vdots \\ a_{m2} \end{pmatrix}, \quad \cdots, \quad \boldsymbol{Te}_m = \begin{pmatrix} a_{1n} \\ a_{2n} \\ \vdots \\ a_{mn} \end{pmatrix}$$

と成分でかくことができる。

したがって(＊)は

$$\begin{aligned} T\boldsymbol{x} &= x_1\begin{pmatrix} a_{11} \\ a_{21} \\ \vdots \\ a_{m1} \end{pmatrix} + x_2\begin{pmatrix} a_{12} \\ a_{22} \\ \vdots \\ a_{m2} \end{pmatrix} + \cdots + x_n\begin{pmatrix} a_{1n} \\ a_{2n} \\ \vdots \\ a_{mn} \end{pmatrix} \\ &= \begin{pmatrix} a_{11}x_1 \\ a_{21}x_1 \\ \vdots \\ a_{m1}x_1 \end{pmatrix} + \begin{pmatrix} a_{12}x_2 \\ a_{22}x_2 \\ \vdots \\ a_{m2}x_2 \end{pmatrix} + \cdots + \begin{pmatrix} a_{1n}x_n \\ a_{2n}x_n \\ \vdots \\ a_{mn}x_n \end{pmatrix} \end{aligned} \qquad (\dagger)$$

と表わされる。

ここで次の定義をおく。

【定義】 mn 個の実数 a_{ij} $(i=1, 2, \cdots, m;\ j=1, 2, \cdots, n)$を

$$\begin{pmatrix} a_{11} & a_{12} & \cdots & a_{1n} \\ a_{21} & a_{22} & \cdots & a_{2n} \\ & \cdots\cdots & & \\ a_{m1} & a_{m2} & \cdots & a_{mn} \end{pmatrix}$$

のように，m 行，n 列にならべたものを**行列**――(m, n)-行列――という。

a_{ij} を i 行，j 列の成分という。

この行列を簡単に $A=(a_{ij})$ のように表わすこともある。

(m, n)行列 $A=(a_{ij})$は，$\boldsymbol{R}^n$ のベクトル $\boldsymbol{x}$ に $\boldsymbol{R}^m$ の1つのベクトル $\boldsymbol{y}$ を対応させる作用としてはたらくが，そのはたらきは，次のように行列を縦ベクトルの演算として定義される。

$$Ax = \begin{pmatrix} a_{11} & \cdots & a_{1n} \\ & \cdots\cdots & \\ a_{m1} & \cdots & a_{mn} \end{pmatrix} \begin{pmatrix} x_1 \\ \vdots \\ x_n \end{pmatrix} = \begin{pmatrix} \sum_{j=1}^{n} a_{1j}x_j \\ \vdots \\ \sum_{j=1}^{n} a_{mj}x_j \end{pmatrix} = \boldsymbol{y}$$

ここで$\boldsymbol{R}^n, \boldsymbol{R}^m$のベクトルの成分は縦ベクトルとして表わされている。これをそれぞれnベクトル，mベクトルということがある。

この行列の概念を使うと，(†)の右辺は，mベクトルのn個の和としてまとめてかくと，いま提示した行列Aを使って

$$\boldsymbol{y} = A\boldsymbol{x}$$

と表わされることがわかる。

すなわち$\boldsymbol{R}^n$から$\boldsymbol{R}^m$への線形写像Tは，(m, n)行列Aと，縦nベクトル$\boldsymbol{x}$のあいだの演算として$\boldsymbol{y}=A\boldsymbol{x}$と表わされることになった。$\boldsymbol{y}$は$m$ベクトルである。

［要約］　線形空間V, W $(\dim V=n, \dim W=m)$のあいだの線形写像Tは，それぞれの空間に基底を1つとることにより，$\boldsymbol{R}^n$から$\boldsymbol{R}^m$への線形写像と考えられることになり，それは具体的にnベクトルの成分をmベクトルの成分へとうつす1次式の関係となって，(m, n)行列のnベクトルへのはたらきとして表現される。抽象的な概念であった線形写像は，数の世界へと表現され，そこで加法とスカラー積を主とした代数演算がはたらいていくことになったのである。線形代数 linear algebra という言葉はこのことをいい表わしている。

行列がどのような線形写像を表わしているかの例を3つかいておこう。

例1.　$A=\begin{pmatrix} 2 & -1 \\ 1 & 2 \end{pmatrix}$

この行列Aは$\begin{pmatrix} 1 \\ 0 \end{pmatrix} \to \begin{pmatrix} 2 \\ 1 \end{pmatrix}$, $\begin{pmatrix} 0 \\ 1 \end{pmatrix} \to \begin{pmatrix} -1 \\ 2 \end{pmatrix}$で決まる$\boldsymbol{R}^2$から$\boldsymbol{R}^2$への線形写像

$$\begin{pmatrix} x \\ y \end{pmatrix} \to \begin{pmatrix} 2 & -1 \\ 1 & 2 \end{pmatrix}\begin{pmatrix} x \\ y \end{pmatrix} = \begin{pmatrix} 2x-y \\ x+2y \end{pmatrix}$$

を表わしている。

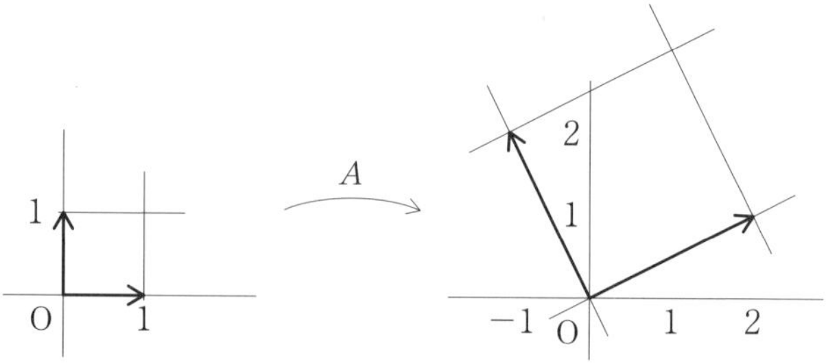

例 2.　$A=\begin{pmatrix} \sin\theta & -\cos\theta \\ \cos\theta & \sin\theta \end{pmatrix}$

この行列 $\boldsymbol{A}$ は $\begin{pmatrix} 1 \\ 0 \end{pmatrix} \to \begin{pmatrix} \sin\theta \\ \cos\theta \end{pmatrix}$，$\begin{pmatrix} 0 \\ 1 \end{pmatrix} \to \begin{pmatrix} -\cos\theta \\ \sin\theta \end{pmatrix}$ で決まる $\boldsymbol{R}^2$ から $\boldsymbol{R}^2$ への線形写像

$$\begin{pmatrix} x \\ y \end{pmatrix} \longrightarrow \begin{pmatrix} x\sin\theta & -y\cos\theta \\ x\cos\theta & +y\sin\theta \end{pmatrix}$$

を表わしており，原点から正の向きへ θ だけの回転となっている。

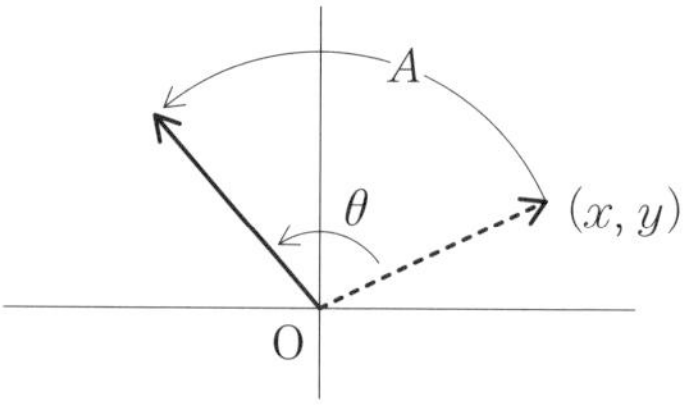

例 3.　$A=\begin{pmatrix} 1 & 1 & 2 \\ -1 & 2 & 1 \end{pmatrix}$

A は $\boldsymbol{R}^3$ から $\boldsymbol{R}^2$ への線形写像を表わしている。この線形写像が，実際どのような写像になっているかは，$\boldsymbol{R}^3$ の基底ベクトルが，$\boldsymbol{R}^2$ のどのようなベクトルにうつされているかを調べてみるとわかる。それはこの行列の縦ベクトルとして表わされているが，線形写像としてみると

$$\begin{pmatrix} 1 & 1 & 2 \\ -1 & 2 & 1 \end{pmatrix}\begin{pmatrix} 1 \\ 0 \\ 0 \end{pmatrix} = \begin{pmatrix} 1 \\ -1 \end{pmatrix}, \quad \begin{pmatrix} 1 & 1 & 2 \\ -1 & 2 & 1 \end{pmatrix}\begin{pmatrix} 0 \\ 1 \\ 0 \end{pmatrix} = \begin{pmatrix} 1 \\ 2 \end{pmatrix},$$

$$\begin{pmatrix} 1 & 1 & 2 \\ -1 & 2 & 1 \end{pmatrix}\begin{pmatrix} 0 \\ 0 \\ 1 \end{pmatrix} = \begin{pmatrix} 2 \\ 1 \end{pmatrix}$$

となる。

これを図示してみると，$\boldsymbol{R}^3$ の座標軸の基底ベクトルのつくる立方体は，$\boldsymbol{A}$ によって，$\boldsymbol{R}^2$ の‘つぶれた立方体’へとうつされていることがわかる。

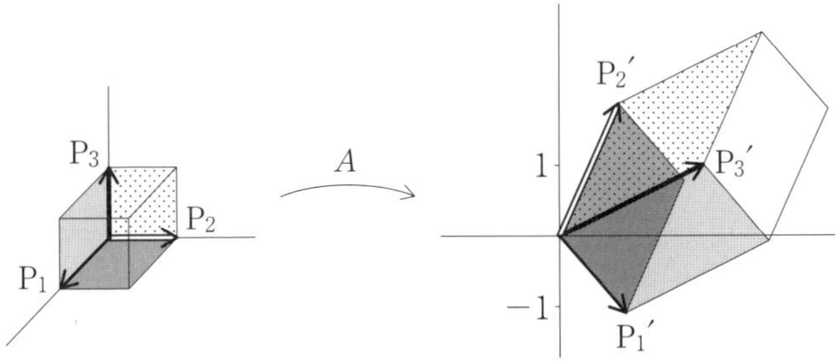

4 行列の演算

$\boldsymbol{R}^m$ から $\boldsymbol{R}^n$ への線形写像は，加法と実数 α をかけるスカラー積について線形な構造をもっている。

したがってこの線形写像を表現する (m, n) 行列も対応する性質をもっている。それは行列の演算として次のように表わされる。

行列の加法

$$\begin{pmatrix} a_{11} & a_{12} & \cdots & a_{1n} \\ a_{21} & a_{22} & \cdots & a_{2n} \\ & \cdots\cdots & & \\ a_{m1} & a_{m2} & \cdots & a_{mn} \end{pmatrix} + \begin{pmatrix} b_{11} & b_{12} & \cdots & b_{1n} \\ b_{21} & b_{22} & \cdots & b_{2n} \\ & \cdots\cdots & & \\ b_{m1} & b_{m2} & \cdots & b_{mn} \end{pmatrix}$$

$$= \begin{pmatrix} a_{11}+b_{11} & a_{12}+b_{12} & \cdots & a_{1n}+b_{1n} \\ a_{21}+b_{21} & a_{22}+b_{22} & \cdots & a_{2n}+b_{2n} \\ & \cdots\cdots & & \\ a_{m1}+b_{m1} & a_{m2}+b_{m2} & \cdots & a_{mn}+b_{mn} \end{pmatrix}$$

行列のスカラー積

$$\boldsymbol{\alpha} \begin{pmatrix} a_{11} & a_{12} & \cdots & a_{1n} \\ a_{21} & a_{22} & \cdots & a_{2n} \\ & \cdots\cdots & & \\ a_{m1} & a_{m2} & \cdots & a_{mn} \end{pmatrix} = \begin{pmatrix} \alpha a_{11} & \alpha a_{12} & \cdots & \alpha a_{1n} \\ \alpha a_{21} & \alpha a_{22} & \cdots & \alpha a_{2n} \\ & \cdots\cdots & & \\ \alpha\, a_{m1} & \alpha a_{m2} & \cdots & \alpha a_{mn} \end{pmatrix}$$

これらは，行列のなかに表わされている n 個の縦ベクトルについての線形性を表わしたものとなっている。

［行列の合成］

線形写像の合成写像を行列の演算として表わしてみることにしよう。

説明を見やすくするために，n 次元から k 次元への線形写像 T，k 次元から m 次元への線形写像 S は

$$\boldsymbol{R}^n \xrightarrow{T} \boldsymbol{R}^k \xrightarrow{S} \boldsymbol{R}^m$$

と表わされているとする。そして T, S はそれぞれ (k, n)-行列 B，S は (m, k) 行列 A として表わされているとする：$\boldsymbol{R}^n \xrightarrow{B} \boldsymbol{R}^k \xrightarrow{A} \boldsymbol{R}^m$. そして A, B は次のように表わされているとする。

$$B = \begin{pmatrix} b_{11} & \cdots & b_{1n} \\ & \cdots\cdots & \\ b_{k1} & \cdots & b_{kn} \end{pmatrix}, \quad A = \begin{pmatrix} a_{11} & \cdots & a_{1k} \\ & \cdots\cdots & \\ a_{m1} & \cdots & a_{mk} \end{pmatrix}$$

このとき合成写像 ST を表わす行列を求めるには，$\boldsymbol{R}^n$ の基底ベクトル

$$\boldsymbol{e}_j = \begin{pmatrix} 0 \\ \vdots \\ 1 \\ \vdots \\ 0 \end{pmatrix} j$$

が，T とそれに引き続いて S によって $\boldsymbol{R}^m$ のどのようなベクトルにうつったかをみるとよい。まず e_j が T によってうつされたベクトルは行列 B によって次のように表わされる。

$$\begin{pmatrix} b_{11} & \cdots & b_{1j} & \cdots & b_{1n} \\ & & \cdots\cdots & & \\ b_{r1} & \cdots & b_{rj} & \cdots & b_{rn} \\ & & \cdots\cdots & & \\ b_{k1} & \cdots & b_{kj} & \cdots & b_{kn} \end{pmatrix} \begin{pmatrix} 0 \\ \vdots \\ 1 \\ \vdots \\ 0 \end{pmatrix} = \begin{pmatrix} b_{1j} \\ \cdots \\ b_{rj} \\ \cdots \\ b_{kj} \end{pmatrix}$$

このベクトルがさらに S によってうつされたベクトルは行列 A によって

$$\begin{pmatrix} a_{11} & \cdots & a_{1r} & \cdots & a_{1k} \\ & & \cdots\cdots & & \\ a_{i1} & \cdots & a_{ir} & \cdots & a_{ik} \\ & & \cdots\cdots & & \\ a_{m1} & \cdots & a_{mr} & \cdots & a_{mk} \end{pmatrix} \begin{pmatrix} b_{1j} \\ \vdots \\ b_{rj} \\ \vdots \\ b_{kj} \end{pmatrix} = \begin{pmatrix} \sum_{r=1}^{k} a_{1r} b_{rj} \\ \vdots \\ \sum_{r=1}^{k} a_{ir} b_{rj} \\ \vdots \\ \sum_{r=1}^{k} a_{mr} b_{rj} \end{pmatrix} \qquad (*)$$

と表わされている。

したがって線形写像

$$\boldsymbol{R}^n \xrightarrow{T} \boldsymbol{R}^k \xrightarrow{S} \boldsymbol{R}^m$$

の合成を表わす写像

$$\boldsymbol{R}^n \xrightarrow{ST} \boldsymbol{R}^m$$

を，上の記号を使って行列で表わすと次のようになる。

$$\boldsymbol{R}^n \xrightarrow{B} \boldsymbol{R}^k \xrightarrow{A} \boldsymbol{R}^m$$

$$\boldsymbol{R}^n \xrightarrow{AB} \boldsymbol{R}^m$$

ここで行列ABは(m, n)-行列であって，その(i, j)成分は，$\boldsymbol{R}^n$の基底ベクトル$\mathbf{e}_j$がABでうつされた先のベクトルのi成分であり，それは(＊)をみると

$$\sum_{r=1}^{k} a_{ir} b_{rj}$$

となっている。

ABを，(m, k)-行列Aと(k, n)-行列Bの積という。ABは(m, n)行列であって

$$AB = \begin{pmatrix} \sum_{r=1}^{k} a_{1r} b_{r1} & \cdots & \sum_{r=1}^{k} a_{1r} b_{rj} & \cdots & \sum_{r=1}^{k} a_{1r} b_{rn} \\ & & \cdots\cdots & & \\ \sum_{r=1}^{k} a_{ir} b_{r1} & \cdots & \sum_{r=1}^{k} a_{ir} b_{rj} & \cdots & \sum_{r=1}^{k} a_{ir} b_{rn} \\ & & \cdots\cdots & & \\ \sum_{r=1}^{k} a_{mr} b_{r1} & \cdots & \sum_{r=1}^{k} a_{mr} b_{rj} & \cdots & \sum_{r=1}^{k} a_{mr} b_{rn} \end{pmatrix}$$

と表わされる。

行列ABをAとBの**積**ということがある。このかけ算のルールは下のように表わしておくとわかりやすい。

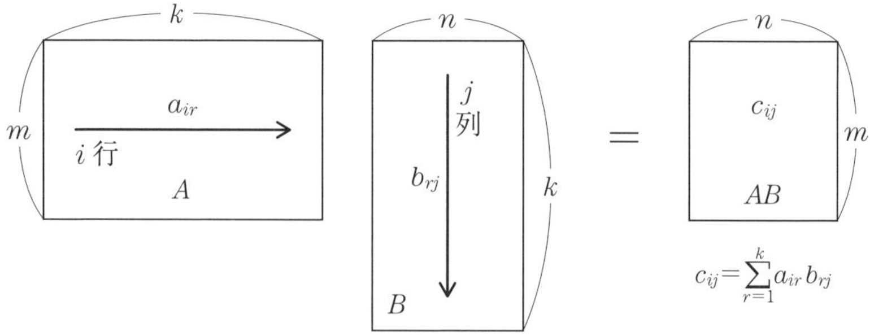

たとえば前節の例2と例3で与えた行列を

$$A = \begin{pmatrix} \sin\theta & -\cos\theta \\ \cos\theta & \sin\theta \end{pmatrix} \qquad B = \begin{pmatrix} 1 & 1 & 2 \\ -1 & 0 & 1 \end{pmatrix}$$

として AB を求めてみると

$$AB = \begin{pmatrix} \sin\theta+\cos\theta & \sin\theta & 2\sin\theta-\cos\theta \\ \cos\theta-\sin\theta & \cos\theta & 2\cos\theta+\sin\theta \end{pmatrix}$$

となる。この対応を図で表わすと45頁で与えた立方体を平面につぶした対応図を，さらに正の方向に θ だけ回転したものになっている。

トピックス　**線形性を通して見る高次元の世界**

$\boldsymbol{R}^m$ から $\boldsymbol{R}^n$ への線形写像が，mn 個のパラメータで行列として完全に決まるということは，考えてみると驚くべきことなのかもしれない。たとえば私たちが空間や平面などを思い浮かべて，$\boldsymbol{R}^3$ から $\boldsymbol{R}^2$ への線形写像はどんなものがあるか，その全体像を想像してみることなどできない。

まして高次元になれば，空間的な表象はいっさい断たれてしまう。しかしいまわかったことは，チェス盤の上に数を並べたような行列をとると，それが線形写像という概念をはっきりと数によって表現することになったのである。行列の成分としておかれた数を変化させることが，線形写像の動的な動きをとらえていくことになる。

高次元の世界は，抽象的な考えのなかでとらえられるものである。このような世界へ向けての数学は，抽象数学として20世紀になって急速に発展した。19世紀後半に見出されたこの行列という考えは，線形写像という抽象的な概念を，数を用いて具体的に表わしており，抽象数学における表現という考えを明確に示したものとなっている。

5 正方行列と正則行列

いままでは一般に n 次元線形空間から m 次元線形空間への線形写像と，それを表現する (m, n) 行列について述べてきた。これからは特に $m=n$ の場合を考察することにする。すなわち，次元 n を一定にした場合の線形写像であり，対応して，縦，横 n の**正方行列**を問題にすることになる。

これから行列というときは，正方行列だけを考えることにし，行列の大きさを n 次の行列のようにいい表わすことにする。

n 次の行列に対しては，行列の積をかけ算とみると，たし算もかけ算も自由にできることになる。したがって n 次の行列を線形写像の表現としてみるだけでなく，この演算の関係を代数の立場から調べてみようとする方向も生まれてくる。

> n 次の行列のあいだの基本演算としては次のものがある。
> (Ⅰ) 加法：$A+B$
> (Ⅱ) スカラー積：αA
> (Ⅲ) 積：AB

加法と積については分配法則

$$A(B+C) = AB+AC, \qquad (A+B)C = AC+BC$$

が成り立つ。

しかし積については，一般にはかけ算の可換性が成り立たないことが行列演算の特徴となっている。たとえば $A=\begin{pmatrix} 1 & 2 \\ 0 & 1 \end{pmatrix}$，$B=\begin{pmatrix} 1 & 0 \\ 2 & 1 \end{pmatrix}$ とすると

$$AB = \begin{pmatrix} 1 & 2 \\ 0 & 1 \end{pmatrix}\begin{pmatrix} 1 & 0 \\ 2 & 1 \end{pmatrix} = \begin{pmatrix} 5 & 2 \\ 2 & 1 \end{pmatrix}$$

$$BA = \begin{pmatrix} 1 & 0 \\ 2 & 1 \end{pmatrix}\begin{pmatrix} 1 & 2 \\ 0 & 1 \end{pmatrix} = \begin{pmatrix} 1 & 2 \\ 2 & 5 \end{pmatrix}$$

で $AB \neq BA$ である。

このことを，**行列の積は一般には非可換である**という。行列は‘非可換な代数’の例を与えている。

行列を演算の立場でみたとき，行列の全部の成分が 0 からなる**零行列**——これも 0 で表わす——と，**単位行列**とよばれる

$$E = \begin{pmatrix} 1 & & \text{\Large 0} \\ & \ddots & \\ \text{\Large 0} & & 1 \end{pmatrix}$$

が，もっとも基本的な行列となる。

数の演算では $ab=0$ ならば，$a=0$ か $b=0$ が成り立つが，行列の演算では，$A \neq 0$，$B \neq 0$ であっても

$$AB = 0$$

が成り立つことがある。このような例としてもっとも簡単なものは

$$A = \begin{pmatrix} 1 & 0 \\ 0 & 0 \end{pmatrix}, \quad B = \begin{pmatrix} 0 & 0 \\ 0 & 1 \end{pmatrix}$$

がある。このとき $A \neq 0$，$B \neq 0$ であるが $AB=0$ となる。$AB\begin{pmatrix} x \\ y \end{pmatrix} = A\begin{pmatrix} 0 \\ y \end{pmatrix} = \begin{pmatrix} 0 \\ 0 \end{pmatrix}$ である。

さらに $A \neq 0$ なのに，A の適当な巾 A^k は 0 になるような行列もある。このような行列を**巾零行列**という。

このような巾零行列の例としては

$$A = \begin{pmatrix} 0 & 1 & 0 \\ 0 & 0 & 1 \\ 0 & 0 & 0 \end{pmatrix}$$

がある。このとき

$$A^2=\begin{pmatrix}0&0&1\\0&0&0\\0&0&0\end{pmatrix},\quad A^3=0$$

となる。

［正則写像と正則行列］

$\boldsymbol{R}^n$ から $\boldsymbol{R}^n$ への線形写像 T が，どんな y をとっても

$$Tx=y$$

となる x があるとき，T を**正則写像**という。

正則写像 T は，実際は $\boldsymbol{R}^n$ から $\boldsymbol{R}^n$ への 1 対 1 写像にもなっている。それは次のようにしてわかる。$\boldsymbol{R}^n$ の基底ベクトル $\boldsymbol{e}_1=(1,0,\cdots,0),\cdots,\boldsymbol{e}_n=(0,\cdots,0,1)$ をとると，T は正則だから，上の定義によれば

$$T\boldsymbol{f}_i=\boldsymbol{e}_i \qquad (i=1,2,\cdots,n)$$

となるようなベクトル $\boldsymbol{f}_i$ が少なくとも 1 つはある。このとき $\{\boldsymbol{f}_1,\boldsymbol{f}_2,\cdots,\boldsymbol{f}_n\}$ は 1 次独立である。実際

$$\alpha_1\boldsymbol{f}_1+\alpha_2\boldsymbol{f}_2+\cdots+\alpha_n\boldsymbol{f}_n=0 \overset{T}{\Longrightarrow} \alpha_1\boldsymbol{e}_1+\alpha_2\boldsymbol{e}_2+\cdots+\alpha_n\boldsymbol{e}_n=0.$$

$\{\boldsymbol{e}_1,\boldsymbol{e}_2,\cdots,\boldsymbol{e}_n\}$ は 1 次独立だから，これから $\alpha_1=\alpha_2=\cdots=\alpha_n=0$ が導けるからである。

したがって対応

$$\alpha_1\boldsymbol{f}_1+\alpha_2\boldsymbol{f}_2+\cdots+\alpha_n\boldsymbol{f}_n \longrightarrow \alpha_1\boldsymbol{e}_1+\alpha_2\boldsymbol{e}_2+\cdots+\alpha_n\boldsymbol{e}_n$$

により T は $\boldsymbol{R}^n$ から $\boldsymbol{R}^n$ への 1 対 1 写像となっていることがわかる。したがって正則写像 T は逆写像 T^{-1} をもっている：

$$\boldsymbol{R}^n \;\underset{T^{-1}}{\overset{T}{\rightleftarrows}}\; \boldsymbol{R}^n$$

T^{-1} はもちろん線形写像であって

$$T^{-1}T(x)=x,\quad TT^{-1}(y)=y$$

が成り立つ。

いま述べたことを行列の言葉でいい直してみよう。

> A を n 次の行列とする。どんなベクトル $\boldsymbol{y}$ をもってきても
> $$A\boldsymbol{x} = \boldsymbol{y}$$
> をみたすベクトル $\boldsymbol{x}$ が存在するとき，A を**正則行列**という。A は1対1の線形写像を表わしており，その逆写像を表わす行列がある。それを A の**逆行列**といって A^{-1} で表わす。このとき単位行列 E に対し
> $$A^{-1}A = E, \quad AA^{-1} = E$$
> が成り立つ。

それでは最初に行列が与えられたとき，その行列の成分だけから，それが正則行列かどうかを見分けるような方法はあるのだろうか。

たとえば2次の行列

$$\begin{pmatrix} a & b \\ c & d \end{pmatrix}$$

が正則行列かどうかは，次のような問題に還元されてくることになるだろう。

［**問題 A**］ y_1, y_2 に対して

$$\begin{pmatrix} a & b \\ c & d \end{pmatrix}\begin{pmatrix} x_1 \\ x_2 \end{pmatrix} = \begin{pmatrix} y_1 \\ y_2 \end{pmatrix}$$

が，いつもただ1つの解 x_1, x_2 をもつのはいつか？　そのとき逆行列の形を具体的に示せ。

これを行列の形をはずしてかくと，次のようになるだろう。

［**問題 B**］ y_1, y_2 に対して連立方程式

$$ax_1+bx_2 = y_1$$
$$cx_1+dx_2 = y_2$$

がつねにただ1つの解 x_1, x_2 をもつのはいつか？　そのような条件を，a, b, c, d を用いて表わせ。またそのとき解の形を具体的に示せ。

行列と逆行列をとく問題が，こうして連立方程式の問題へと還元されて

きたのである。

‘つるかめ算’でも知られているように，連立方程式をどのように解くかは古くからの算術の問題であった。20世紀の数学が見出した線形構造という新しい世界のなかから，古い数学の主題であった連立方程式が再び姿を現わしてきたのである。しかし今度はここでは高次元の線形空間が連立方程式の背景に広がってきた。

線形の構造自体は抽象的なものとして取り出されたが，それはもともとはベクトルのような力学的な考察から生まれてきたものであり，少なくとも有限次元の場合には，この構造の背景には空間がある。そこには座標を通していろいろな状況を計算できるようになることが望まれるだろう。有限次元の線形構造の上で，このアルゴリズムは行列式とよばれるものの上で展開する。行列式は，連立方程式の解法のなかから生まれてきたものであったが，それは線形構造のなかに組みこまれて，ある意味で広い背景をもつ‘新しい代数学’として甦ったのである。これが次章のテーマとなる。

2 章
行列式

n 次元の線形空間から m 次元の線形空間への線形写像は，縦に m 個，横に n 個の数を並べた (m, n)-行列として表わされる。しかしこの行列が，行列の成分として含まれている mn 個の数のあいだの演算と結びついて，線形写像の性質が‘代数’によって解明されるのは，$m=n$ の正方行列のときだけである。

正方行列は，行列式という概念と結びつく。行列式は，もともと線形写像とはまったく関係ない連立 1 次方程式の解法から生まれてきた。つるかめ算のように未知数が 2 つだけの連立方程式はすぐ解けるが，未知数が 6 つ，方程式が 6 つの 6 元 1 次の連立方程式の一般解は，720(=6!)もの項が並ぶ式となる。代数とは，ある意味で記号演算の学である。この一般解は，縦，横に 6 個ずつの数を正方形のなかに配列した，行列式という表示を通して簡明に表わされる。

行列式は，18 世紀に連立方程式の一般解の表示として生まれてきた。この章では行列式の一般論を述べる。

行列式は，1 次式として多くの文字を含んでいるような数式の処理に有効に使われるが，この‘1 次’を‘線形’という言葉に置き換えてみると，行列式は，線形写像の性質を代数を通して理解するブリッジとなることが予想される。実際，いまでは，行列式は線形写像を表わす行列の理論のなかに完全に融けこんでいる。

1 2元と3元の連立方程式

昔からなじみ深い‘つるかめ算’とは,「つるが x 羽, かめが y 匹いる。その頭数の総数と, 足の数の総数がわかっているとき, x と y を求めよ」という問題である。たとえば頭数が17, 足の数が58のとき

$$x+y=17$$
$$2x+4y=58$$

となり, これを解くと $x=5$, $y=12$ となる。

これは一般的にかくと

$$(\mathrm{I})\quad \begin{cases} ax+by=c & (1) \\ a'x+b'y=c' & (2) \end{cases}$$

という2つの方程式から x, y を求める代数の問題となる。この方程式は伝統的に2元1次の連立方程式とよばれている(‘元’(げん)は方程式の未知数の個数を表わしている)。

(Ⅰ)は次の消去法とよばれる方法で解くことができる。

(1)×b'−(2)×b：

$$(ab'-a'b)x=cb'-c'b$$

(1)×a'−(2)×a：

$$(a'b-ab')y=ca'-c'a,\ \text{すなわち}\ (ab'-a'b)y=c'a-ca',$$

これから, もし

$$ab'-a'b\neq 0 \qquad (*)$$

ならば, 連立方程式(Ⅰ)は解けて

$$x = \frac{cb' - c'b}{ab' - a'b}, \quad y = \frac{c'a - ca'}{ab' - a'b}$$

が答となる。

未知数 x, y, z に関する3元1次の連立方程式とは

$$(\text{II}) \quad \begin{cases} ax + by + cz = d & (1)' \\ a'x + b'y + c'z = d' & (2)' \\ a''x + b''y + c''z = d'' & (3)' \end{cases}$$

という形で与えられた方程式のことである。

これを解くには，まず z を消去して，x, y についての2元1次連立方程式をつくるのである。z を消去するには次のようにする。

$(1)' \times c' - (2)' \times c$

$$(ac' - a'c)x + (bc' - b'c)y = dc' - d'c$$

$(1)' \times c'' - (3)' \times c$

$$(ac'' - a''c)x + (bc'' - b''c)y = dc'' - d''c$$

これは x と y についての2元1次の連立方程式だから，もしこの方程式に対して(＊)に対応する条件

$$(ac' - a'c)(bc'' - b''c) - (ac'' - a''c)(bc' - b'c) \neq 0$$

が成り立っていれば，この連立方程式は解けて x, y の値は求められることになる。この答を(3)′に代入すると z がわかる。

この答を x に対してだけ実際表わしてみると次のように大変複雑な式になる：

$$x = \frac{db'c'' + d'b''c + d''bc' - db''c' - d'bc'' - d''b'c}{ab'c'' + a'b''c + a''bc' - ab''c' - a'bc'' - a''b'c}$$

この分母，分子に現われる式は，3つの文字の積からつくられた6つの項からなっている。ここから，この式をすぐ覚えられるような規則性を見出すことは難しい。

しかしこの3元1次連立方程式を2元1次連立方程式に帰着して解く解き方をよくみると，4元1次連立方程式でも，同じようにまず1つの未知数を消去して，3元1次連立方程式に帰着して解くことはできるだろうということは，だいたい想像できる。しかしそれを実際遂行することは大変やっかいなことになる。それでも実際計算を行なってみると，解の形は3元1次の場合と似た形になるが，今度は24個もの項が並ぶ式が分母，分子に現われてくる。実は，‘解の公式’というものをかいてみると，2元の場合には分母，分子に並ぶ項の数は2，3元の場合は6，4元の場合は24であるということは，実は一般的な立場でみると

$$2! = 2, \quad 3! = 6, \quad 4! = 24$$

に対応していることなのである。5元の場合に，同じように1つ未知数を消去して，4元の場合に帰着させて，同じように‘解の公式’を求めてみると，分母，分子には $5!=120$ もの項をもつ式が現われてくる。

一般の n 元1次の連立方程式の解には，$n!$ 個の項をもつ数式が現われてきて，それをそのまま表わすことは不可能なのである。n 元1次の解を表現し，その性質を調べるには，どうしても新しい概念が必要になる。そしてそれが行列式とよばれるものであって，これは n 次元の線形空間上ではたらく線形写像の理論を，しっかり支える代数的な足場となるのである。

2 2次と3次の行列式

2元と3元の連立1次方程式の一般解は，前節でみたように，すでに3元の場合でも分母と分子に複雑な式の入っている分数式として表示されている。しかしこれは行列式という式の表記法を導入すると，簡単に，わか

りやすく示すことができるのである。

一般の行列式の定義をかく前に，まず2次の行列式と3次の行列式とよばれるものをかいてみよう。

2次の行列式とは

$$\begin{vmatrix} a & b \\ a' & b' \end{vmatrix} \qquad (\dagger)$$

と表わされるもので，これは

$$ab'-a'b$$

という式を表わしている。この式を行列式(†)を展開した式という。

〔2次の行列式の展開〕

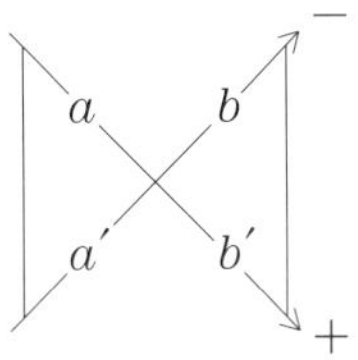

対角線に沿ってかけて＋，−とする

3次の行列式とは

$$\begin{vmatrix} a & b & c \\ a' & b' & c' \\ a'' & b'' & c'' \end{vmatrix}$$

と表わされるもので，この展開のルールは下のようである。

〔3次の行列式の展開〕

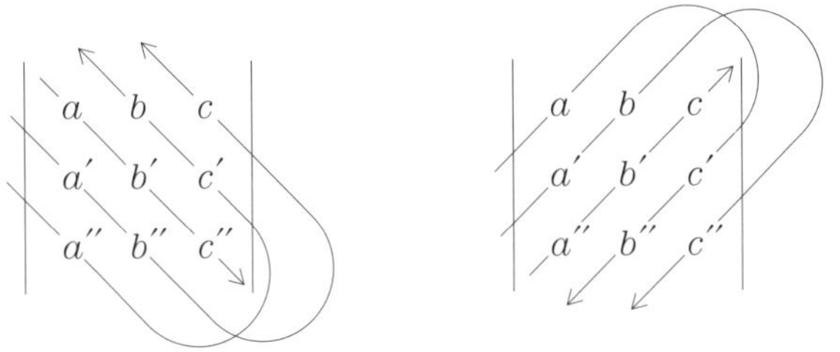

矢印の方向にかけてたす　　矢印の方向にかけてひく

実際このルールで計算してみると，3次の行列式は

$$ab'c''+a'b''c+a''bc'-ab''c'-a'bc''-a''b'c$$

という式を表わしている。

行列式という表記法を使うと，前節で述べた2元1次の連立方程式

$$ax+by = c$$
$$a'x+b'y = c'$$

の解は，すぐ確かめられるように

$$x=\frac{\begin{vmatrix} c & b \\ c' & b' \end{vmatrix}}{\begin{vmatrix} a & b \\ a' & b' \end{vmatrix}}, \qquad y=\frac{\begin{vmatrix} a & c \\ a' & c' \end{vmatrix}}{\begin{vmatrix} a & b \\ a' & b' \end{vmatrix}}$$

と表わされる。前節の(＊)の条件は，この分母が0でない条件を与えている。

この行列式の解の表記で注目すべきことは，x, y の分母に現われるのは同じ式で，それは最初に与えられている連立方程式の左辺の‘係数の枠組み’を行列式として取り出したことになっていることである。一方，分子は，この枠組で，x を求めるときは x の係数 a, a' を右辺の定数 c, c' におきかえ，y を求めるときは y の係数 b, b' を同じように c, c' におきかえているということである。

こうして2次の行列式は，2元1次の連立方程式を解くプログラムを，いわばシステム化して図示したことになっている。

3元1次の連立方程式に対しても，3次の行列式を使うと，同じような解法のシステム化が成り立つのである。

すなわち3元1次の連立方程式

$$ax+by+cz=d$$
$$a'x+b'y+c'z=d'$$
$$a''x+b''y+c''z=d''$$

の解は，3次の行列式を用いて次のように表わされる。

$$x=\frac{\begin{vmatrix} d & b & c \\ d' & b' & c' \\ d'' & b'' & c'' \end{vmatrix}}{\begin{vmatrix} a & b & c \\ a' & b' & c' \\ a'' & b'' & c'' \end{vmatrix}}, \quad y=\frac{\begin{vmatrix} a & d & c \\ a' & d' & c' \\ a'' & d'' & c'' \end{vmatrix}}{\begin{vmatrix} a & b & c \\ a' & b' & c' \\ a'' & b'' & c'' \end{vmatrix}}, \quad z=\frac{\begin{vmatrix} a & b & d \\ a' & b' & d' \\ a'' & b'' & d'' \end{vmatrix}}{\begin{vmatrix} a & b & c \\ a' & b' & c' \\ a'' & b'' & c'' \end{vmatrix}}$$

分母は連立方程式の左辺の係数をそのまま枠におさめたものである。また分子の行列式でアミをかけているところには，右辺の定数が入っている。(この分母が0でないときに限って解けるのである)。実際，ここで x を表わす分母，分子の行列式を展開してみると，それは前節57頁で示した3元1次の連立方程式の解 x と一致していることがわかる。

行列式を使うと，2元の場合も，3元の場合も，連立方程式の解の公式はまったく同様な形で表わされる。要するに方程式に現われている係数を，行列式という四角枠のなかに適当に配列して，それを分母，分子におくとよいのである。

そうすれば，だれでも n 元1次の連立方程式に対しても行列式という概念を通して，同じような解法のシステム化が可能であり，解の公式があるに違いないと予想するだろう。実際，n 元1次の連立方程式

$$a_{11}x_1+\cdots+a_{1n}x_n = b_1$$
$$\cdots\cdots$$
$$a_{n1}x_1+\cdots+a_{nn}x_n = b_n$$

に対しても，'n 次の行列式' とよばれる

$$\begin{vmatrix} a_{11} & \cdots & a_{1n} \\ & \cdots\cdots & \\ a_{n1} & \cdots & a_{nn} \end{vmatrix} \qquad (*)$$

を新しく導入すれば，この行列式の値が0でないときには，上の連立方程式の解，たとえば x_1 は，

$$x_1 = \frac{\begin{vmatrix} b_1 & a_{12} & \cdots & a_{1n} \\ & \cdots\cdots & & \\ b_n & a_{n2} & \cdots & a_{nn} \end{vmatrix}}{\begin{vmatrix} a_{11} & a_{12} & \cdots & a_{1n} \\ & \cdots\cdots & & \\ a_{n1} & a_{n2} & \cdots & a_{nn} \end{vmatrix}}$$

と，見かけ上は，2元，3元の連立方程式の場合と同じ形で表わされるのである。

しかし実際は n 次の行列式(＊)は，$a_{1i_1}a_{2i_2}\cdots a_{ni_n}(i_1, i_2, \cdots, i_n=1, 2, \cdots, n)$

に適当に＋，－の符号をつけてたして得られる‘恐ろしく長い式’である。10 元連立方程式を解くために，実際この 10 次の行列式を数式として表わすと $10!=3628800$ の項をもつ式となる。それを行列式というもので表現し，連立方程式の一般理論を完成させたところに記号化によるアルゴリズムの組み立てという代数学の特徴があるといってよいのだろう。だが，一般の行列式の導入は決して単純なものではない。このことについては次節で述べよう。

トピックス　**行列と行列式の誕生──関孝和からケーリーまで**

‘つる亀算’でも知られるように，2 つとか 3 つの未知数をもつ連立方程式は，具体的な問題として算術のなかにもよく現われるので，それを解くことは古くから興味のあったことに違いない。それはたぶん古代インドの数学でも，またアラビア数学のなかでもいろいろな形で取り上げられていたことだろう。

しかし連立方程式を解く基本的な方法は，1 つの未知数を消去して，未知数が少ない方程式へと還元していくことにある。たとえば 3 元 1 次方程式を解くには，1 つの未知数を消去して 2 元 1 次連立方程式として解くのである。それは消去法とよばれている。

連立方程式の解法に現われるこのような手続きを，方程式の係数の組み合わせで表わそうとする考えは，ライプニッツがロピタルにあてた 1693 年の手紙のなかに記されている。しかしこれより 9 年前の 1684 年には，日本の和算の天才，関孝和が連立方程式の解法を『発微算法（はつびざんぽう）』と題して刊行している。ここでは中国で赤黒の算木を用いる用器代数──天元術──のなかで開発された高次の連立方程式を解く方法を，筆算でできるように改良し，その計算を述べているとのことである。

18 世紀になると，1750 年にクラーメルが 3 元 1 次の連立方程式の解を一般的な公式として示し，さらに n 元 1 次の連立方程式の解の形まで与えたが，それを行列式を用いて表わすことはなかった。1779 年にベズーが『一般代数方程式論』のなかで，n 元 1 次連立方程式が解をもつ条件(行列式を使って表わせば，係数のつくる行列式が 0 でないことで示される)を考察している。

行列式が理論として成熟するのは 19 世紀になってからであった。フランスの大数学者コーシーは，1815 年にそれまでの連立方程式の研究を，行列式という言葉は使わず，‘対称系’という呼び名で

$$
\begin{array}{cccc}
a_{1,1} & a_{2,1}, & \cdots, & a_{n,1} \\
a_{2,1} & a_{2,2}, & \cdots, & a_{n,2} \\
 & & \cdots\cdots & \\
a_{n,1} & a_{n,2}, & \cdots, & a_{n,n}
\end{array}
$$

という数の並びを示し，これを数式として現在の行列式に対応させた。

しかし行列式が理論として成熟するのは 19 世紀後半になってからであり，その段階で，行列の理論と行列式が結びついてきた。そこには，シルヴェスター，フロベニウス，ワイエルシュトラス，ケーリーなどの貢献があった。

なお日本語では，行列と行列式は類似語のように使われているが，英語では行列は matrix であり(この語はケーリーによるといわれている)，行列式は determinant であり，2 つは違ったいい方になっている。行列は線形写像の表現として抽象的なものが背景にあり，行列式は方程式の未知数の消去にかかわる代数的なものである。この 2 つを総合することにより線形代数という分野が生まれたが，これが数学の 1 つの基礎分野として，日本の大学の一般教養科目のなかにまで取り入れられるようになったのは，1950 年以降のことである。

3 行列式

$1, 2, \cdots, n$ と並べられた数を，順序をとりかえて並べる仕方は $n!$ 通りある。この1つの並べ方で，$1, 2, \cdots, n$ が $a_1, a_2, \cdots, a_n$ と順番が入れかわったとき，それを

$$\begin{pmatrix} 1 & 2 & \cdots & n \\ a_1 & a_2 & \cdots & a_n \end{pmatrix}$$

とかいて，これを**置換**という。

たとえば，$1, 2, 3$ の置換は

$$\begin{pmatrix} 1 & 2 & 3 \\ 1 & 2 & 3 \end{pmatrix}, \begin{pmatrix} 1 & 2 & 3 \\ 2 & 3 & 1 \end{pmatrix}, \begin{pmatrix} 1 & 2 & 3 \\ 3 & 1 & 2 \end{pmatrix}, \begin{pmatrix} 1 & 2 & 3 \\ 1 & 3 & 2 \end{pmatrix},$$
$$\begin{pmatrix} 1 & 2 & 3 \\ 3 & 2 & 1 \end{pmatrix}, \begin{pmatrix} 1 & 2 & 3 \\ 2 & 1 & 3 \end{pmatrix}$$

の6つである。この置換の表わし方では上の $1, 2, 3$ がどの数におきかえられたかだけが問題なので，たとえば

$\begin{pmatrix} 1 & 2 & 3 \\ 2 & 3 & 1 \end{pmatrix}$ は $\begin{pmatrix} 2 & 3 & 1 \\ 3 & 1 & 2 \end{pmatrix}$ とかいても $\begin{pmatrix} 1 & 3 & 2 \\ 2 & 1 & 3 \end{pmatrix}$ とかいてもよい。

［置換の積］

置換 $\tau = \begin{pmatrix} 1 & 2 & \cdots & n \\ a_1 & a_2 & \cdots & a_n \end{pmatrix}$，$\sigma = \begin{pmatrix} a_1 & a_2 & \cdots & a_n \\ b_1 & b_2 & \cdots & b_n \end{pmatrix}$ に対して，置換の積 $\sigma\tau$ を，まず置換 τ をおこない，次に σ をおこなって得られる置換，すなわち $i \xrightarrow{\tau} a_i \xrightarrow{\sigma} b_i$ と定義する。したがって

$$\sigma\tau = \begin{pmatrix} 1 & 2 & \cdots & n \\ b_1 & b_2 & \cdots & b_n \end{pmatrix}$$

である。

（**注意**）見方をかえれば，置換とは，集合 $A=\{1, 2, \cdots, n\}$ から A の上への1対1写像である。この写像の合成が置換の積となっている。

1_n で恒等置換 $\begin{pmatrix} 1 & 2 & \cdots & n \\ 1 & 2 & \cdots & n \end{pmatrix}$，また $\sigma=\begin{pmatrix} 1 & 2 & \cdots & n \\ a_1 & a_2 & \cdots & a_n \end{pmatrix}$ に対して $\sigma^{-1}=\begin{pmatrix} a_1 & a_2 & \cdots & a_n \\ 1 & 2 & \cdots & n \end{pmatrix}$ を表わす。σ^{-1} を σ の**逆置換**という。

$$\sigma\sigma^{-1}=\sigma^{-1}\sigma=1_n$$

である。

（**注意**）置換の積は一般には，行列の積と同じように非可換となる。たとえば

$$\begin{pmatrix} 1 & 2 & 3 \\ 2 & 3 & 1 \end{pmatrix}\begin{pmatrix} 1 & 2 & 3 \\ 2 & 1 & 3 \end{pmatrix}=\begin{pmatrix} 1 & 2 & 3 \\ 3 & 2 & 1 \end{pmatrix}$$

左辺の順序をとりかえると

$$\begin{pmatrix} 1 & 2 & 3 \\ 2 & 1 & 3 \end{pmatrix}\begin{pmatrix} 1 & 2 & 3 \\ 2 & 3 & 1 \end{pmatrix}=\begin{pmatrix} 1 & 2 & 3 \\ 1 & 3 & 2 \end{pmatrix}$$

となり，右辺に現われた積は違ったものになっている。

［**互換**］

置換のなかで，2つのもの i と j だけをとりかえたものを互換といい (ij) で表わす。

$$(ij)=\begin{pmatrix} 1 & 2 & \cdots & i & \cdots & j & \cdots & n \\ 1 & 2 & \cdots & j & \cdots & i & \cdots & n \end{pmatrix}$$

このとき次のことが成り立つ。

どんな置換も，互換の積として表わすことができる。

これは数学的に証明を述べるより，次のようなたとえのほうがわかりやすい。先生が，1番から n 番までの生徒を1列に並ばせてから，この順番

を $a_1, a_2, \cdots, a_n$ の順にかえたいとする。このとき先生は，「1番目の人は a_1 番目の人とかわりなさい」「2番目の人は a_2 番目の人とかわりなさい」と次々と号令をかけていくとよい。このような互換のくり返し——互換の積——で，生徒の順は先生の望んでいたようになるのである。

[偶置換，奇置換]

1つの置換を互換の積として表わす表わし方はいろいろある。それはすぐ上に述べた例からもわかる。先生は2人ずつ生徒の入れかえをしていくうちに，もしまちがった順に生徒を並ばせてしまったと気づいたら，そこからまた2人ずつ生徒を入れかえて，もとの正しい並び方に戻すことができることからもわかる。

しかし次の結果が成り立つ。

1つの置換を互換の積として表わすとき，偶数個の互換の積となるか，奇数個の互換の積になるかは一定している。

これを$\{1, 2, 3, 4\}$の場合に示そう。そのため次の差積とよばれる式を考える。

$$\begin{aligned} P(x_1, x_2, x_3, x_4) = {} & (x_1 - x_2)(x_1 - x_3)(x_1 - x_4) \\ & \times (x_2 - x_3)(x_2 - x_4) \\ & \times (x_3 - x_4) \end{aligned}$$

この右辺には $i<j$ のときの $x_i - x_j$ $(i, j=1, 2, 3, 4)$ という因数がすべて現われている。この文字についている数に互換 (13) を行なってみると

$$\begin{aligned} P(x_3, x_2, x_1, x_4) = {} & \underline{(x_3 - x_2)}\,\underline{(x_3 - x_1)}\,(x_3 - x_4) \\ & \times \underline{(x_2 - x_1)}\,(x_2 - x_4) \\ & \times (x_1 - x_4) \end{aligned}$$

となる。ここで $\underline{\qquad}$ のついている3つの因数が，$x_i - x_j (i<j)$ から $x_j - x_i$ へと変わっている。したがってこの因数の数3が奇数のことに注意して符号の変化だけみると

$$P(x_3, x_2, x_1, x_4) = -P(x_1, x_2, x_3, x_4)$$

実はいつでも1回文字に互換をおこなうたびに符号だけがかわる。したがって偶数回互換をおこなったときには，$P(x_1, x_2, x_3, x_4)$はかわらず，奇数回互換をおこなったときには$-P(x_1, x_2, x_3, x_4)$となる。したがって置換

$$\begin{pmatrix} 1 & 2 & 3 & 4 \\ x_1 & x_2 & x_3 & x_4 \end{pmatrix}$$

が，偶数個の互換の積として表わせるか，奇数個の互換として表わせるかは，その表わし方はいろいろあるが，その違いはこの置換を差積$P(x_1, x_2, x_3, x_4)$の文字に対しておこなってみると，符号がかわらないか，符号がかわるかだけで決まることになる。

同じことはn個の置換についてもいえる。したがって置換を互換の積として表わしたとき，互換が偶数個現われるか，奇数個現われるかは，その表わし方によらず置換によって一定している。そこで

> 1つの置換σが，偶数個の互換の積として表わされるとき**偶置換**，奇数個の置換の積として表わされるとき**奇置換**という。そして置換の符号$\mathrm{sgn}(\sigma)$を
>
> $$\sigma \text{が偶置換のとき} \ \mathrm{sgn}(\sigma) = 1$$
> $$\sigma \text{が奇置換のとき} \ \mathrm{sgn}(\sigma) = -1$$
>
> と決める。このとき
>
> $$\mathrm{sgn}(\sigma\tau) = \mathrm{sgn}(\sigma)\mathrm{sgn}(\tau), \quad \mathrm{sgn}(\sigma^{-1}) = \mathrm{sgn}\,\sigma$$
>
> が成り立つ。

これだけ準備した上で行列式の定義に入ろう。

まずn個の文字の置換全体をS_nで表わす。S_nは$n!$個の置換からなり，$S_n \ni \sigma, \tau$に対しては積$\sigma\tau$と，逆置換σ^{-1}が定義されている。

【行列式の定義】

n^2個の文字x_{ij} $(i, j=1, 2, \cdots n)$の多項式

$$\sum_{\sigma\in S_n} \mathrm{sgn}(\sigma)\, x_{1\sigma(1)} x_{2\sigma(2)} \cdots x_{n\sigma(n)} \qquad (*)$$

を，n 次の行列式といい

$$\begin{vmatrix} x_{11} & x_{12} & \cdots & x_{1n} \\ x_{21} & x_{22} & \cdots & x_{2n} \\ & & \cdots & \\ x_{n1} & x_{n2} & \cdots & x_{nn} \end{vmatrix} \qquad (\dagger)$$

と表わす。x_{ij} を i 行 j 列の成分という。

行列式として表わされた($\dagger$)を，具体的な($*$)の形の式で表わすことを，**行列式を展開する**という。いまの場合，各行から1つずつ成分を選んで展開しているので，**行についての展開**ということもある。

まずこの定義で，特に $n=2, 3$ の場合をみてみると，前節で述べた行列式を文字 x_{ij} を使って表わしたものになっている。そのことをまず確かめておこう。

$n=2$ のとき：

偶置換は$\begin{pmatrix} 1 & 2 \\ 1 & 2 \end{pmatrix}$，奇置換は$\begin{pmatrix} 1 & 2 \\ 2 & 1 \end{pmatrix}$で，したがってこの場合

$$x_{11}x_{22} - x_{12}x_{21} = \begin{vmatrix} x_{11} & x_{12} \\ x_{21} & x_{22} \end{vmatrix}$$

となる。

$n=3$ のとき：

$$\begin{array}{ccc} \text{偶置換} & & \text{奇置換} \\ \begin{pmatrix} 1 & 2 & 3 \\ 1 & 2 & 3 \end{pmatrix} & \xrightarrow{(12)} & \begin{pmatrix} 1 & 2 & 3 \\ 2 & 1 & 3 \end{pmatrix} \\ \begin{pmatrix} 1 & 2 & 3 \\ 2 & 3 & 1 \end{pmatrix} & \overset{(13)}{\swarrow} \xrightarrow{(23)} & \begin{pmatrix} 1 & 2 & 3 \\ 3 & 2 & 1 \end{pmatrix} \\ \begin{pmatrix} 1 & 2 & 3 \\ 3 & 1 & 2 \end{pmatrix} & \overset{(12)}{\swarrow} \xrightarrow{(13)} & \begin{pmatrix} 1 & 2 & 3 \\ 1 & 3 & 2 \end{pmatrix} \end{array}$$

したがってこの場合，行列式はこの偶置換，奇置換に対応して

$$x_{11}x_{22}x_{33}-x_{12}x_{21}x_{33}+x_{12}x_{23}x_{31}-x_{13}x_{22}x_{31}+x_{13}x_{21}x_{32}-x_{11}x_{23}x_{32}$$

$$=\begin{vmatrix} x_{11} & x_{12} & x_{13} \\ x_{21} & x_{22} & x_{23} \\ x_{31} & x_{32} & x_{33} \end{vmatrix}$$

となる。

4 行列式の基本性質

この節では行列式の基本性質を述べていくことにする。それぞれの性質が成り立つ理由は，なるべく簡潔に述べる。ここでは行列式(†)を簡単に $\det(x_{ij})$ と表わすこともある(行列式は英語で determinant という)。

(I)　各行についての線形性

i 行が $\alpha x_{ik}+\beta y_{ik}$ $(k=1, 2, \cdots, n)$ と表わされている行列式

$$\begin{vmatrix} x_{11} & \cdots & x_{1n} \\ & \cdots\cdots & \\ \alpha x_{i1}+\beta y_{i1} & \cdots & \alpha x_{in}+\beta y_{in} \\ & \cdots\cdots & \\ x_{n1} & \cdots & x_{nn} \end{vmatrix}$$

$$=\sum_{\sigma}\mathrm{sgn}(\sigma)\{x_{1\sigma(1)}\cdots(\alpha x_{i\sigma(i)}+\beta y_{i\sigma(i)})\cdots x_{n\sigma(n)}\}$$

は，$(\alpha x_{i\sigma(i)}+\beta y_{i\sigma(i)})$ のカッコをはずして展開すると，行列式が i 行についての線形性

$$\begin{vmatrix} x_{11} & \cdots & x_{1n} \\ & \cdots\cdots & \\ \alpha x_{i1}+\beta y_{i1} & \cdots & \alpha x_{in}+\beta y_{in} \\ & \cdots\cdots & \\ x_{n1} & \cdots & x_{nn} \end{vmatrix} = \alpha \begin{vmatrix} x_{11} & \cdots & x_{1n} \\ & \cdots\cdots & \\ x_{i1} & \cdots & x_{in} \\ & \cdots\cdots & \\ x_{n1} & \cdots & x_{nn} \end{vmatrix} + \beta \begin{vmatrix} x_{11} & \cdots & x_{1n} \\ & \cdots\cdots & \\ y_{i1} & \cdots & y_{in} \\ & \cdots\cdots & \\ x_{n1} & \cdots & x_{nn} \end{vmatrix}$$

をもつことがわかる。

（Ⅱ）　行列式で2つの行を入れ換えると符号が変わる

行列式の i 行と j 行を入れ換えると符号が変わることを示そう。

行列式 $\det(x_{ij})$ を表わす式

$$\sum \mathrm{sgn}(\sigma)\, x_{1\sigma(1)} \cdots x_{i\sigma(i)} \cdots x_{j\sigma(j)} \cdots x_{n\sigma(n)}$$

で，i 行と j 行を入れ換えた式は

$$\sum \mathrm{sgn}(\sigma)\, x_{1\sigma(1)} \cdots \underline{x_{j\sigma(i)}} \cdots \underline{x_{i\sigma(j)}} \cdots x_{n\sigma(n)}$$

となるが，これは互換 $\tau=(ij)$ を使うと

$$\sum \mathrm{sgn}(\sigma)\, x_{1\sigma(1)} \cdots \underline{x_{i\sigma\tau(i)}} \cdots \underline{x_{j\sigma\tau(j)}} \cdots x_{n\sigma(n)}$$

とかける。i, j 以外の k に対しては $\tau(k)=k$ だから，この式は

$$\sum \mathrm{sgn}(\sigma)\, x_{1\sigma\tau(1)} \cdots x_{i\sigma\tau(i)} \cdots x_{j\sigma\tau(j)} \cdots x_{n\sigma\tau(n)} \qquad (*)$$

とかいてもよい。τ は互換だから，$\tau^{-1}=\tau$ で $\mathrm{sgn}(\tau^{-1})=-1$，また $\sigma=\sigma\tau\cdot\tau^{-1}$ に注意し，$\sigma'=\sigma\tau$ とおくと，$(*)$は

$$\begin{aligned} &\sum_{\sigma} \mathrm{sgn}(\sigma\tau)\,\mathrm{sgn}(\tau^{-1})\, x_{1\sigma\tau(1)} \cdots x_{n\sigma\tau(n)} \\ &= -\sum \mathrm{sgn}(\sigma')\, x_{1\sigma'(1)} \cdots x_{n\sigma'(n)} = -\det(x_{ij}) \end{aligned}$$

となる。これで i 行と j 行を入れ換えると，行列式の符号がかわることが示された。

（Ⅲ）　2行が一致している行列式は0である

これは（Ⅱ）からわかる。一致している2行を取り換えると行列式の符号は変わる。しかしいまの場合，取り換えても行列式は見かけ上かわっていない。このようなことが起きるのは行列式が0のときだけに限る。

(Ⅳ)　行列式は，行と列を取り換えて展開してみても，式の配列が変わるだけで，式そのものは変わらない

これは3次の行列式に対して図式を使って示しておこう。

行に関する展開

$$\begin{vmatrix} x_{11} & x_{12} & x_{13} \\ x_{21} & x_{22} & x_{23} \\ x_{31} & x_{32} & x_{33} \end{vmatrix}$$

$$\Downarrow$$

$$\sum \operatorname{sgn}(\sigma)\, x_{1\sigma(1)}\, x_{2\sigma(2)}\, x_{3\sigma(3)}$$

列に関する展開

$$\begin{vmatrix} x_{11} & x_{12} & x_{13} \\ x_{21} & x_{22} & x_{23} \\ x_{31} & x_{32} & x_{33} \end{vmatrix}$$

$$\Downarrow$$

$$\sum \operatorname{sgn}(\tilde{\sigma})\, x_{\tilde{\sigma}(1)1}\, x_{\tilde{\sigma}(2)2}\, x_{\tilde{\sigma}(3)3}$$

$\Downarrow$　$\tilde{\sigma}(1), \tilde{\sigma}(2), \tilde{\sigma}(3)$ を 1, 2, 3 の順にする

$$\sum \operatorname{sgn}(\tilde{\sigma}^{-1})\, x_{1\tilde{\sigma}^{-1}(1)}\, x_{2\tilde{\sigma}^{-1}(2)}\, x_{3\tilde{\sigma}^{-1}(3)}$$

$\Leftarrow$　$\tilde{\sigma}^{-1}$を σ にかえる

したがって，行に関する性質(Ⅰ),(Ⅱ),(Ⅲ)に対応することは列に対しても成り立つことになる。

(Ⅰ)′　行列式は各列について線形性をもつ

(Ⅱ)′　行列式で2つの列を入れ換えると符号が変わる

(Ⅲ)′　2列が一致している行列式は0である

特にこれから，行列式のある行(または列)を，何倍かしてほかの行(または列)にたしても，行列式の値は変わらないということが導かれる。それは次の例からもわかるだろう。

たとえば3次の行列式

$$\begin{vmatrix} 6 & 2 & 10 \\ 2 & 1 & 3 \\ -1 & -3 & 6 \end{vmatrix}$$

で，2行目を3倍して1行目からひくことを考えると

$$\begin{vmatrix} 6-3\times 2 & 2-3\times 1 & 10-3\times 3 \\ 2 & 1 & 3 \\ -1 & -3 & 6 \end{vmatrix} = \begin{vmatrix} 6 & 2 & 10 \\ 2 & 1 & 3 \\ -1 & -3 & 6 \end{vmatrix} -2 \begin{vmatrix} 2 & 1 & 3 \\ 2 & 1 & 3 \\ -1 & -3 & 6 \end{vmatrix}$$

となるが，右辺の第2項は1行目と2行目が一致して0となり，行列式の値は変わらないことがわかる。なおこの左辺の行列式は

$$\begin{vmatrix} 0 & -1 & 1 \\ 2 & 1 & 3 \\ -1 & -3 & 6 \end{vmatrix}$$

となるが，これはすぐ求められて値は10である。それは最初の行列式の値にほかならない。

5 連立方程式の解法

n 元1次の連立方程式とは，n 個の未知数 $x_1, x_2, \cdots, x_n$ に関する n 個の1次方程式

$$\begin{aligned} a_{11}x_1+a_{12}x_2+\cdots+a_{1n}x_n &= b_1 \\ a_{21}x_1+a_{22}x_2+\cdots+a_{2n}x_n &= b_2 \\ &\cdots\cdots \\ a_{n1}x_1+a_{n2}x_2+\cdots+a_{nn}x_n &= b_n \end{aligned} \qquad (*)$$

のことである。この左辺の係数のつくる行列式を $\det(A)$ とおく：

$$\det(A) = \begin{vmatrix} a_{11} & a_{12} & \cdots & a_{1n} \\ a_{21} & a_{22} & \cdots & a_{2n} \\ & \cdots\cdots & & \\ a_{n1} & a_{n2} & \cdots & a_{nn} \end{vmatrix}$$

このとき連立方程式$(*)$が，右辺にどんな $b_1, b_2, \cdots, b_n$ をとっても，た

だ1つの解をもつ条件は

$$\det(A) \neq 0 \qquad (**)$$

である。このことの証明は次章で述べることにしよう。

この条件が成り立つとき，(＊)の解は次のように表わされる。

$$x_1 = \frac{\begin{vmatrix} b_1 & a_{12} & \cdots & a_{1n} \\ \vdots & \vdots & & \vdots \\ b_n & a_{n2} & \cdots & a_{nn} \end{vmatrix}}{\det(A)}, \quad x_2 = \frac{\begin{vmatrix} a_{11} & b_1 & a_{13} & \cdots & a_{1n} \\ \vdots & \vdots & \vdots & & \\ a_{n1} & b_n & a_{n3} & \cdots & a_{nn} \end{vmatrix}}{\det(A)}, \cdots$$

$$\cdots, x_n = \frac{\begin{vmatrix} a_{1n} & \cdots & a_{1n-1} & b_1 \\ & \cdots\cdots & & \\ a_{n1} & \cdots & a_{nn-1} & b_n \end{vmatrix}}{\det(A)}$$

これを**クラーメルの公式**という。

この公式がどのようにして導かれるかは，実は前節で述べた行列式の一般的な性質に深くかかわっている。その考えを知るには，(＊)のような一般の連立方程式でなくとも，次の3元1次の連立方程式

$$\begin{aligned} 2x+5y-4z &= 13 \\ x-3y+2z &= -3 \\ 6x-\ y+8z &= 3 \end{aligned} \qquad (\dagger)$$

は解 $x=2, y=1, z=-1$ をもつが，それがなぜ行列式を用いて表わされるのか，その道筋を明らかにしておけば十分である。

まず左辺における係数の行列式の値を求めておこう。

$$\begin{vmatrix} 2 & 5 & -4 \\ 1 & -3 & 2 \\ 6 & -1 & 8 \end{vmatrix} = -92$$

である。これが0でない値をとることから，(＊＊)の条件が成り立ち，この連立方程式がただ1つの解をもつことがわかる。その解を x_0, y_0, z_0 とおこう。すなわち

$$
\begin{aligned}
2x_0+5y_0-4z_0 &= 13\\
x_0-3y_0+2z_0 &= -3\\
6x_0-\ \ y_0+8z_0 &= 3
\end{aligned}
$$

である。そしてこの関係を，係数のつくる行列式の第 1 列に置き換えて，行列式のあいだの関係として表わすと

$$
\begin{vmatrix} 2x_0+5y_0-4z_0 & 5 & -4 \\ x_0-3y_0+2z_0 & -3 & 2 \\ 6x_0-\ \ y_0+8z_0 & -1 & 8 \end{vmatrix} = \begin{vmatrix} 13 & 5 & -4 \\ -3 & -3 & 2 \\ 3 & -1 & 8 \end{vmatrix} \qquad (\dagger\,\dagger)
$$

となる。連立方程式(†)が，行列式という舞台へ上がったのである。この舞台の上で次のようなドラマティックなことが起きる。

行列式の列に関する線形性から，左辺の行列式は

$$
\begin{vmatrix} 2x_0 & 5 & -4 \\ x_0 & -3 & 2 \\ 6x_0 & -1 & 8 \end{vmatrix} + \begin{vmatrix} 5y_0 & 5 & -4 \\ -3y_0 & -3 & 2 \\ -y_0 & -1 & 8 \end{vmatrix} + \begin{vmatrix} -4z_0 & 5 & -4 \\ 2z_0 & -3 & 2 \\ 8z_0 & -1 & 8 \end{vmatrix}
$$

$$
= \begin{vmatrix} 2 & 5 & -4 \\ 1 & -3 & 2 \\ 6 & -1 & 8 \end{vmatrix} x_0 + \begin{vmatrix} 5 & 5 & -4 \\ -3 & -3 & 2 \\ -1 & -1 & 8 \end{vmatrix} y_0 + \begin{vmatrix} -4 & 5 & -4 \\ 2 & -3 & 2 \\ 8 & -1 & 8 \end{vmatrix} z_0
$$

1 列と 2 列等しい　　　**1 列と 3 列等しい**

$$
= \begin{vmatrix} 2 & 5 & -4 \\ 1 & -3 & 2 \\ 6 & -1 & 8 \end{vmatrix} x_0
$$

(上の右の 2 つの項にある行列式は 2 列が一致しているので 0 となる)

すなわち(† †)の関係式の左辺から，y_0, z_0 が一瞬のうちに消去されてしまい，(† †)は x_0 の 1 次方程式

$$
\begin{vmatrix} 2 & 2 & -4 \\ 1 & -3 & 2 \\ 6 & -1 & 8 \end{vmatrix} x_0 = \begin{vmatrix} 13 & 5 & -4 \\ -3 & -3 & 2 \\ 3 & 1 & 8 \end{vmatrix}
$$

となってしまった。x_0 の係数としてかけられている行列式は係数のつくる行列式(†)である。この行列式は 0 ではないので，これで

$$x_0 = \frac{\begin{vmatrix} 13 & 5 & -4 \\ -3 & -3 & 2 \\ 3 & -1 & 8 \end{vmatrix}}{\begin{vmatrix} 2 & 5 & -4 \\ 1 & -3 & 2 \\ 6 & -1 & 8 \end{vmatrix}} = \frac{-184}{-92} = 2$$

が得られた。y_0, z_0 も同じように求められる。連立方程式(†)が解けたのである。

これでたぶんクラーメルの解法の一般的なメカニズムが理解していただけたと思う。

連立方程式は，1つずつ未知数を消去して解いていくのが，基本的な演算法である。しかしその道のりには見通しのきかない繁雑な計算が待ちうけている。それに対し，クラーメルの方法は，行列式を使って，いわば解の公式を与えている。代数学は演算の仕組みをとらえて，それを記号化することによって機能化するものであるが，その意味では**行列式は代数学が生み出した数学のなかの芸術品**といってよいものかもしれない。

3章 線形写像，行列，行列式

行列式は，成分の1次式であり，したがって成分が数で与えられていれば，行列式は1つの数値として表わされる。特にこの数が0でないという性質が，線形写像を表わす行列の基本性質と結びつくことになった。n次元線形空間のあいだの2つの線形写像を表わす行列をA, Bとするとき，この2つの写像の合成写像は行列の積としてABと表わされる。このとき，行列と行列式を結びつける基本的な関係$\det(AB)=\det(A)\det(B)$が成り立つのである。ここでたとえば$\det(A)$は行列Aから得られる行列式を表わしている。この関係によって，線形写像のいろいろな性質が，行列式を通して検証可能となった。たとえば線形写像Aが1対1写像ならば，逆行列A^{-1}があって，AA^{-1}は単位行列となるから，$\det(A)\det(A^{-1})=1$となる。したがって$\det(A)\neq 0$である。しかし実はこの逆も成り立って，$\det(A)\neq 0$がわかりさえすれば，Aは1対1写像であると結論できるのである。このように，線形写像の定性的な性質が，行列式を通して定量的に求めることができるようになった。

線形写像を行列として表わすのは，線形空間の基底のとり方によっている。1つの線形写像も，基底を取り換えてみると，まったく異なった形の行列として表現されてくる。1つの線形写像が与えられたとき，それをできるだけ簡単な形の行列として表わすには，どのような基底をとったらよいか，ここに固有値の問題が新たに登場してくることになる。

1 線形写像の合成と行列式の積

いままで学んできたことをまとめてみると

(A)　有限次元の線形空間のあいだの線形写像

(B)　線形空間に基底をとって，線形写像を行列として表現する

(C)　行列式

がある。

(A)は，理論を構成するにあたって，抽象的な立場を明確にしており，(B)は線形空間に基底をとることにより，線形写像を行列を通して数によって表現することを可能にした。(C)は代数的な立場に立って，連立方程式と深くかかわっている。しかしここで，1次式は基本的には線形性の代数的表現となっていることをまず注意しておこう。

この(A)，(B)，(C)を総合して，ひとつの理論として提示されることが望ましい。それが線形代数とよばれるものであり，いまでは大学理系の一般教養で，微分積分と並ぶ課目となっている。

この(A)と(B)については，行列は線形写像の表現だから，線形写像の加法，スカラー積，合成写像は，行列の加法，スカラー積，積として表わされている。しかし(C)の行列式は，連立方程式の解法から生まれたもので，直接線形写像に結びつくものではない。

そのため，行列と行列式を結びつける関係を見出さなくてはならない。これからは n 次元の線形空間 V を扱う。V 上に基底を1つとることにより，V から V への線形写像は n 次の正方行列として表わされる。

まず注意することは，線形写像の線形性――加法とスカラー積――は，線形写像を表わす行列を

$$A = (a_{ij}), \quad B = (b_{ij})$$

とすると，

$$A+B = (a_{ij}+b_{ij}), \quad \alpha A = (\alpha\, a_{ij})$$

としてうつされるが，この関係は行列から行列式へは一般にはうつされていないということである。

たとえば

$$A = \begin{pmatrix} 1 & 0 \\ 1 & 2 \end{pmatrix}, \quad B = \begin{pmatrix} 1 & 1 \\ 1 & 0 \end{pmatrix}$$

とすると，行列の演算としては

$$A+B = \begin{pmatrix} 2 & 1 \\ 2 & 2 \end{pmatrix}, \quad 2A = \begin{pmatrix} 2 & 0 \\ 2 & 4 \end{pmatrix}$$

であるが，これを行列式の値でみてみると $\det(A) = 2$，$\det(B) = -1$，$\det(A+B) = 2$，$\det(2A) = 8$ だから $\det(A+B) \neq \det(A)+\det(B)$，$\det(2A) \neq 2\det(A)$ である。

行列式が線形写像の理論で効果的にはたらくのは，線形写像の合成においてである。これは基底をとって行列で表示すると

$$\boldsymbol{R}^n \xrightarrow{B} \boldsymbol{R}^n \xrightarrow{A} \boldsymbol{R}^n$$

の積として

$$\boldsymbol{R}^n \xrightarrow{AB} \boldsymbol{R}^n$$

と表わされる。このとき，行列 A, B と行列の積 AB との関係は，行列式をとったとき，そのまま行列式の値の上にうつされるのである。すなわち

$$(!!) \quad \det(AB) = \det(A)\det(B)$$

が成り立つ。

すなわち‘線形写像の積’と‘行列式の積’の間に整合性が成り立ち，これによって線形空間と線形写像の理論のなかに，行列式を通して代数的な方法が適用されることになっていくのである。

以下ではこの(!!)の証明を述べよう。

いま n 個の縦ベクトル

$$\boldsymbol{a}_1 = \begin{pmatrix} a_{11} \\ \vdots \\ a_{n1} \end{pmatrix}, \quad \boldsymbol{a}_2 = \begin{pmatrix} a_{12} \\ \vdots \\ a_{n2} \end{pmatrix}, \quad \cdots, \quad \boldsymbol{a}_n = \begin{pmatrix} a_{1n} \\ \vdots \\ a_{nn} \end{pmatrix}$$

で決まる関数を一般に

$$F(\boldsymbol{a}_1, \boldsymbol{a}_2, \cdots, \boldsymbol{a}_n)$$

で表わすことにする。また $\boldsymbol{a}_1, \boldsymbol{a}_2, \cdots, \boldsymbol{a}_n$ の成分を縦に並べた行列式を

$$\det(A) = \det(\boldsymbol{a}_1, \boldsymbol{a}_2, \cdots, \boldsymbol{a}_n)$$

と表わす。このとき次の命題が成り立つ。

> **命題**　関数 $F(\boldsymbol{a}_1, \boldsymbol{a}_2, \cdots, \boldsymbol{a}_n)$ は次の(Ⅰ)，(Ⅱ)の性質をもつとする。
>
> (Ⅰ)　$F(\boldsymbol{a}_1, \boldsymbol{a}_2, \cdots, \boldsymbol{a}_n)$ は各ベクトルについて線形性をもつ。
>
> (Ⅱ)　$F(\boldsymbol{a}_1, \boldsymbol{a}_2, \cdots, \boldsymbol{a}_n)$ は2つのベクトルが一致しているときには0となる。
>
> このとき，$\boldsymbol{e}_1, \boldsymbol{e}_2, \cdots, \boldsymbol{e}_n$ を $\boldsymbol{R}^n$ を標準基底とすると
>
> $$F(\boldsymbol{a}_1, \boldsymbol{a}_2, \cdots, \boldsymbol{a}_n) = \det(A) \times F(\boldsymbol{e}_1, \boldsymbol{e}_2, \cdots, \boldsymbol{e}_n)$$
>
> となる。

証明に入る前に次のことを注意しておく。

(Ⅱ)は次の(Ⅱ′)と同値である。

> (Ⅱ)′　F は2つの $\boldsymbol{a}_i$ と $\boldsymbol{a}_j$ を取り換える符号だけが変わる。
>
> $$F(\boldsymbol{a}_1, \cdots, \boldsymbol{a}_i, \cdots, \boldsymbol{a}_j, \cdots, \boldsymbol{a}_n) = -F(\boldsymbol{a}_1, \cdots, \boldsymbol{a}_j, \cdots, \boldsymbol{a}_i, \cdots, \boldsymbol{a}_n)$$

これはまず(Ⅱ)を仮定すると

$$F(\boldsymbol{a}_1, \cdots, \boldsymbol{a}_i + \boldsymbol{a}_j, \cdots, \boldsymbol{a}_i + \boldsymbol{a}_j, \cdots, \boldsymbol{a}_n) = 0$$

となるが，ここに(Ⅰ)の線形性を2つの場所にある $\boldsymbol{a}_i+\boldsymbol{a}_j$ に対して適用して(Ⅱ)を使うと(Ⅱ)′が導かれる。逆に(Ⅱ)′を仮定すると $\boldsymbol{a}_i=\boldsymbol{a}_j$ とおいて(Ⅱ)が導かれる。

［命題の証明］ $\boldsymbol{a}_1, \boldsymbol{a}_2, \cdots, \boldsymbol{a}_n$ を $\boldsymbol{R}^n$ の基底 $\{\boldsymbol{e}_1, \boldsymbol{e}_2, \cdots, \boldsymbol{e}_n\}$ を用いて

$$\boldsymbol{a}_1 = \sum_i \alpha_{i1}\boldsymbol{e}_i, \quad \boldsymbol{a}_2 = \sum_i \alpha_{i2}\boldsymbol{e}_i, \quad \cdots, \quad \boldsymbol{a}_n = \sum_i \alpha_{in}\boldsymbol{e}_i$$

と表わす。このとき

$$\begin{aligned} F(\boldsymbol{a}_1, \boldsymbol{a}_2, \cdots, \boldsymbol{a}_n) &= F(\sum \alpha_{i1}\boldsymbol{e}_i, \sum \alpha_{i2}\boldsymbol{e}_i, \cdots, \sum \alpha_{in}\boldsymbol{e}_i) \\ &= \sum_{i_1}\sum_{i_2}\cdots\sum_{i_n} \alpha_{i_1 1}\alpha_{i_2 2}\cdots\alpha_{i_n n}F(\boldsymbol{e}_{i_1}, \boldsymbol{e}_{i_2}, \cdots, \boldsymbol{e}_{i_n},) \quad \text{((Ⅰ)による)} \\ &= \sum_\sigma \mathrm{sgn}(\sigma)\,\alpha_{\sigma(1)1}\alpha_{\sigma(2)2}\cdots\alpha_{\sigma(n)n}F(\boldsymbol{e}_1, \boldsymbol{e}_2, \cdots, \boldsymbol{e}_n) \end{aligned}$$

((Ⅱ)と(Ⅱ)′による。σ は $\{1, 2, \cdots, n\}$ のすべての置換をわたる)

$$\begin{aligned} &= \det(\boldsymbol{a}_1, \boldsymbol{a}_2, \cdots, \boldsymbol{a}_n)\times F(\boldsymbol{e}_1, \boldsymbol{e}_2, \cdots, \boldsymbol{e}_n) \\ &= \det(A)\times F(\boldsymbol{e}_1, \boldsymbol{e}_2, \cdots, \boldsymbol{e}_n) \end{aligned}$$

これで命題が証明された。 (証明終り)

［(‼)の証明］

B の列ベクトルを $\boldsymbol{b}_1, \boldsymbol{b}_2, \cdots, \boldsymbol{b}_n$ とする。このとき行列 AB の1列目，…，n 列目の列ベクトルは

$$(A\boldsymbol{b}_1, A\boldsymbol{b}_2, \cdots, A\boldsymbol{b}_n)$$

となる。そこで

$$\begin{aligned} F(\boldsymbol{b}_1, \boldsymbol{b}_2, \cdots, \boldsymbol{b}_n) &= \det(AB) \qquad (1) \\ &= \det(A\boldsymbol{b}_1, A\boldsymbol{b}_2, \cdots, A\boldsymbol{b}_n) \end{aligned}$$

とおく。このときすぐ確かめられるように，$F(\boldsymbol{b}_1, \boldsymbol{b}_2, \cdots, \boldsymbol{b}_n)$ は命題(Ⅰ)，(Ⅱ)の条件をみたしている。

したがって

$$F(\boldsymbol{b}_1, \boldsymbol{b}_2, \cdots, \boldsymbol{b}_n) = \det(B)\times F(\boldsymbol{e}_1, \boldsymbol{e}_2, \cdots, \boldsymbol{e}_n) \qquad (2)$$

ここで

$$F(\boldsymbol{e}_1, \boldsymbol{e}_2, \cdots, \boldsymbol{e}_n) = \det(A\boldsymbol{e}_1, A\boldsymbol{e}_2, \cdots, A\boldsymbol{e}_n)$$

であるが，

$$\boldsymbol{A}\boldsymbol{e}_i = \begin{pmatrix} a_{i1} \\ \vdots \\ a_{in} \end{pmatrix}$$

だから，この右辺は det(*A*)に等しい。

したがって(1)と(2)の右辺を見くらべて

$$\det(AB) = \det(A)\det(B)$$

が証明された。　（証明終り）

2 正則行列と逆行列

A を正則行列とする。このとき *A* は逆行列をもち，*E* を単位行列とすると

$$A^{-1}A = E, \qquad AA^{-1} = E$$

が成り立つ。したがって(!!)から

$$\det(A^{-1})\det(A) = \det E = 1.$$

これから

> *A* が正則行列ならば，$\det(A) \neq 0$であり
>
> $$\det(A^{-1}) = \frac{1}{\det(A)}$$

のことがわかる。

一方，$\det(A) \neq 0$ ならば，「クラーメルの公式」により，$A=(a_{ij})$ とおくと，連立方程式

$$\begin{aligned} a_{11}x_1+\cdots+a_{1n}x_n &= y_1 \\ \cdots\cdots \quad & \quad \vdots \\ a_{1n}x_n+\cdots+a_{nn}x_n &= y_n \end{aligned} \qquad (*)$$

はただ1つの解をもつ。すなわち $x=\begin{pmatrix} x_1 \\ \vdots \\ x_n \end{pmatrix}$，$y=\begin{pmatrix} y_1 \\ \vdots \\ y_n \end{pmatrix}$ とすると，

$$Ax = y$$

は，y に対して x がただ1つ決まる。この対応は，A の逆写像 A^{-1} を与えている。

すなわち次の2つの定理が同時に示された。

> **定理 A.**　A が正則行列であるための必要十分な条件は
>
> $$\det(A) \neq 0$$
>
> である。

> **定理 B.**　連立方程式(＊)が，与えられた $y_1, \cdots, y_n$ に対してつねにただ1つの解をもつ条件は
>
> $$\det(A) \neq 0$$
>
> である。

こうして $\boldsymbol{R}^n$ から $\boldsymbol{R}^n$ への線形写像が行列として与えられていれば，それが正則かどうかという定性的な性質は行列式を計算すればわかるという定量的なことになってきたのである。

いまはコンピュータを使い，行列式のプログラムさえ入力しておけば，10次の行列で与えられた $\boldsymbol{R}^{10}$ から $\boldsymbol{R}^{10}$ への線形写像も，それが正則かどうかは，行列式にある100個の数を打ちこめば，一瞬のうちにわかることになった。

正則行列 A に対し，逆行列 A^{-1} は

$$Ax = y \qquad (*)$$

で，y を x に対応させる行列である。この行列の形は，クラーメルの公式

で求められた x を表わす y の式を，行列によってかき直すことによって得られるだろう。

$A=(a_{ij})$ とすると，(＊)は

$$\begin{aligned} a_{11}x_1+\cdots+a_{1n}x_n &= y_1 \\ &\cdots \\ a_{n1}x_1+\cdots+a_{nn}x_n &= y_n \end{aligned}$$

であり，解 x_i は

$$x_i=\frac{1}{\det(A)}\begin{vmatrix} a_{11} & a_{12} & \cdots & \overset{i}{\overbrace{y_1}} & \cdots & a_{1n} \\ & \cdots\cdots & & \vdots & \cdots\cdots & \\ a_{n1} & a_{n2} & \cdots & y_n & \cdots & a_{nn} \end{vmatrix} \quad (i=1,2,\cdots) \qquad (＊＊)$$

で与えられている。これを $y=(y_1, y_2, \cdots, y_n)$ から $x=(x_1, x_2, \cdots, x_n)$ への行列を通しての対応として表わすためには，**小行列式 Δ_{ij}** という概念が必要になる。Δ_{ij} は次のように定義される $(n-1)$ 次の行列式である。

$$\Delta_{ij}=(-1)^{i+j}\begin{vmatrix} a_{11} & a_{12} & \cdots & a_{ij} & \cdots & a_{1n} \\ & & & \cdots\cdots & & \\ a_{i1} & a_{i2} & \cdots & a_{ij} & \cdots & a_{in} \\ & & & \cdots\cdots & & \\ a_{n1} & a_{n2} & \cdots & a_{nj} & \cdots & a_{nn} \end{vmatrix}$$

この右辺にかかれた行列式は，係数のつくる n 次の行列式から i 行と j 列を除いた行列式を表わしている。

このとき逆行列 A^{-1} は

$$A^{-1}=\frac{1}{\det(A)}\begin{pmatrix} \Delta_{11} & \Delta_{21} & \cdots & \Delta_{n1} \\ \Delta_{12} & \Delta_{22} & \cdots & \Delta_{n2} \\ & \cdots\cdots & & \\ \Delta_{1n} & \Delta_{2n} & \cdots & \Delta_{nn} \end{pmatrix}$$

と表わされる(ここでは Δ_{ij} の i が行，j が列を示していることに注意)。

ちょっとひといき 実際 A^{-1} がこのような形になることは，行列式の展開公式というものがあって，それにしたがって行列式を展開し，i 列目の

$y_1, y_2, \cdots, y_n$ のでるところに注目してかき直すと

$x_i = \dfrac{(-1)^{i+1}}{\det(A)}$ 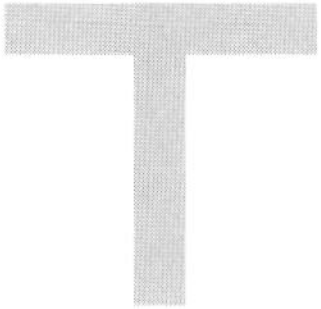 $y_1 + \dfrac{(-1)^{i+2}}{\det(A)}$  $y_2 + \cdots$

（1 行 i 列を除く）　　（2 行 i 列を除く）

$$= \frac{1}{\det(A)} \Delta_{1i} y_1 + \frac{1}{\det(A)} \Delta_{2i} y_2 + \cdots$$

となることから確かめられる。

3 基底変換

ここではまず次のことを問題としてみよう。$\boldsymbol{R}^n$ の標準基底を

$$\boldsymbol{e}_1 = (1, 0, \cdots, 0), \quad \boldsymbol{e}_2 = (0, 1, 0, \cdots, 0), \quad \cdots, \quad \boldsymbol{e}_n = (0, , 0, \cdots, 0, 1)$$

とする。いま $\boldsymbol{R}^n$ に 1 次独立なベクトル $\boldsymbol{e}_1', \boldsymbol{e}_2', \cdots, \boldsymbol{e}_n'$ をとると，これによって $\boldsymbol{R}^n$ のベクトル $\boldsymbol{x}$ はただ 1 通りに

$$\boldsymbol{x} = x_1' \boldsymbol{e}_1' + x_2' \boldsymbol{e}_2' + \cdots + x_n' \boldsymbol{e}_n'$$

と表わされるから，これによって $\boldsymbol{x}$ は座標

$$(x_1', x_2', \cdots, x_n')$$

によって示されることになる。

このようにして得られる $\boldsymbol{R}^n$ の座標を，直交座標を一般にした**斜交座標**という。そして$\{\boldsymbol{e}_1', \boldsymbol{e}_2', \cdots, \boldsymbol{e}_n'\}$をこの斜交座標の基底という。次の図で，$\boldsymbol{R}^2$ と $\boldsymbol{R}^3$ の斜交座標の例をかいておいた。

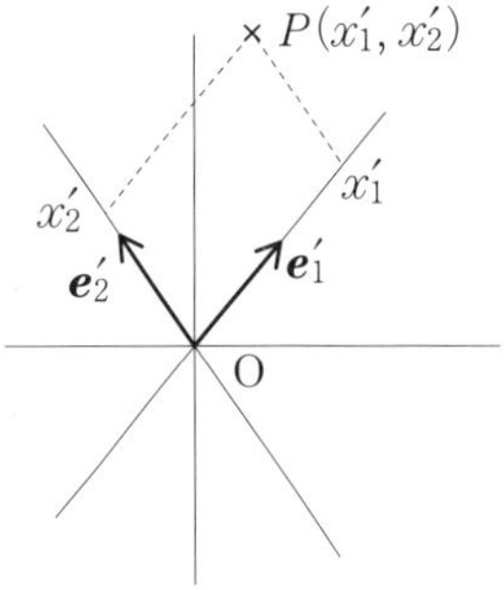

$\boldsymbol{R}^2$の斜交座標

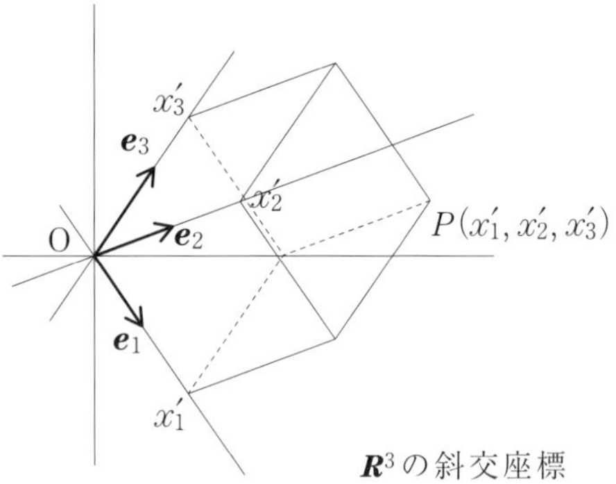

$\boldsymbol{R}^3$の斜交座標

いま$\boldsymbol{R}^n$から$\boldsymbol{R}^n$への線形写像Tが与えられたとする。このとき$\boldsymbol{R}^n$の標準基底$\{\boldsymbol{e}_1, \boldsymbol{e}_2, \cdots, \boldsymbol{e}_n\}$を使って$T$を表わした行列を

$$A = \begin{pmatrix} a_{11} & a_{12} & \cdots & a_{1n} \\ a_{21} & a_{22} & \cdots & a_{2n} \\ & \cdots\cdots & & \\ a_{n1} & a_{n2} & \cdots & a_{nn} \end{pmatrix} \qquad (☆)$$

とする。また1つの斜交座標の基底$\{\boldsymbol{e}_1', \boldsymbol{e}_2', \cdots, \boldsymbol{e}_n'\}$を用いて同じ$T$を表わした行列を

$$B = \begin{pmatrix} b_{11} & b_{12} & \cdots & b_{1n} \\ b_{21} & b_{22} & \cdots & b_{2n} \\ & \cdots\cdots & & \\ b_{n1} & b_{n2} & \cdots & b_{nn} \end{pmatrix} \qquad (☆☆)$$

とする。

線形写像Tは，こうして2つの行列表現A, Bをもつことになった。このときAとBのあいだに成り立つ関係を知っておきたい。そのため基底変換の行列Pを導入する。Pとは，斜交座標系の基底$\{\boldsymbol{e}_1', \boldsymbol{e}_2', \cdots, \boldsymbol{e}_n'\}$を，$\boldsymbol{R}^n$の標準基底による座標成分として

$$\boldsymbol{e}_1' = \begin{pmatrix} p_{11} \\ p_{21} \\ \vdots \\ p_{n1} \end{pmatrix}, \quad \boldsymbol{e}_2' = \begin{pmatrix} p_{12} \\ p_{22} \\ \vdots \\ p_{n2} \end{pmatrix}, \quad \cdots, \quad \boldsymbol{e}_n' = \begin{pmatrix} p_{1n} \\ p_{2n} \\ \vdots \\ p_{nn} \end{pmatrix}$$

と表わしたとき，この各成分を行列の縦成分としておいた行列のことである；

$$P=\begin{pmatrix} p_{11} & p_{12} & \cdots & p_{1n} \\ p_{21} & p_{22} & \cdots & p_{2n} \\ & \cdots\cdots & & \\ p_{n1} & p_{n2} & \cdots & p_{nn} \end{pmatrix}$$

このとき基底ベクトルの変換則

$$\boldsymbol{e}'_j = \sum_{i=1}^{n} p_{ij}\boldsymbol{e}_i \qquad (j=1, 2, \cdots, n)$$

は

$$(\boldsymbol{e}'_1, \boldsymbol{e}'_2, \cdots \boldsymbol{e}'_n) = (\boldsymbol{e}_1, \boldsymbol{e}_2, \cdots, \boldsymbol{e}_n)P$$

で表わされる。

このとき同じ線形写像 T を表わす 2 つの行列(☆)と(☆☆)のあいだに次の関係が成り立つ。

$$\boxed{B = P^{-1}AP}$$

これは次の関係を見るとわかるだろう。

$$\left.\begin{aligned} (\boldsymbol{e}'_1, \cdots, \boldsymbol{e}'_n) &= (\boldsymbol{e}_1, \cdots, \boldsymbol{e}_n)P \\ (\boldsymbol{e}_1, \cdots, \boldsymbol{e}_n) &= (\boldsymbol{e}'_1, \cdots, \boldsymbol{e}'_n)P^{-1} \end{aligned}\right\} \qquad (*)$$

$$\begin{aligned} (\boldsymbol{e}_1, \cdots, \boldsymbol{e}_n) &\xrightarrow{T} (\boldsymbol{e}_1, \cdots, \boldsymbol{e}_n)A \qquad (**) \\ (\boldsymbol{e}'_1, \cdots, \boldsymbol{e}'_n) &\xrightarrow{T} (\boldsymbol{e}'_1, \cdots, \boldsymbol{e}'_n)B \end{aligned}$$

(＊＊)の両辺に P をかけて

$$(\boldsymbol{e}_1, \cdots, \boldsymbol{e}_n)P \xrightarrow{T} (\boldsymbol{e}_1, \cdots, \boldsymbol{e}_n)AP$$

これに(＊)を適用すると

$$(\boldsymbol{e}_1', \cdots, \boldsymbol{e}_n') \xrightarrow{T} (\boldsymbol{e}_1', \cdots, \boldsymbol{e}_n')P^{-1}AP.$$

すなわち $B=P^{-1}AP$ と表わされることになる。これを「**基底変換の公式**」という。

簡単な例で基底変換の例を示しておこう。

2次の行列

$$A = \begin{pmatrix} 3 & 2 \\ 1 & 4 \end{pmatrix}$$

は $\boldsymbol{R}^2$ から $\boldsymbol{R}^2$ への線形写像 T を与える。いま基底変換の行列 P として

$$P = \begin{pmatrix} 2 & 1 \\ -1 & 1 \end{pmatrix}$$

をとってみる。このとき $\boldsymbol{R}^2$ の基底ベクトルは $\boldsymbol{e}_1=(1, 0)$, $\boldsymbol{e}_2=(0, 1)$ が新しい基底ベクトル $\tilde{\boldsymbol{e}}_1=(2, -1)$, $\tilde{\boldsymbol{e}}_2=(1, 1)$ に変わる。そしてこの基底ベクトルで線形写像 T を表現する行列 B は

$$B = P^{-1}AP = \begin{pmatrix} 2 & 0 \\ 0 & 5 \end{pmatrix}$$

となる。この行列 B の形をみると，線形写像 T は新しい基底ベクトル $\tilde{\boldsymbol{e}}_1, \tilde{\boldsymbol{e}}_2$ を，$\tilde{\boldsymbol{e}}_1 \to 2\tilde{\boldsymbol{e}}_1$，$\tilde{\boldsymbol{e}}_2 \to 5\tilde{\boldsymbol{e}}_2$ とうつしていることがわかる。

この例では注目すべきことが起きている。最初に行列 A で表示された $\boldsymbol{R}^2$ から $\boldsymbol{R}^2$ の線形写像 T は，一体，座標平面をどんな形にうつしかえているのかを想像することは難しい。座標平面は，x 方向，y 方向の長さが1の単位ユニットの‘タイル’で貼られている。このタイルの，縦横の長さと方向をかえたものを基本タイルとして平面を貼り直すように指定しているのが行列 A である。A は x 軸の単位ベクトル $(1, 0)$ を $(3, 1)$ に，y 軸の単位ベクトル $(0, 1)$ を $(2, 4)$ に置き換えて得られる平行四辺形のタイルで平面を貼り直すように指示している。このとき，同じ線形写像 T を B の表示のほうで見ると，今度は $\tilde{e}_1, \tilde{e}_2$ でつくられている基本タイルを，適当に拡大して平面を敷きつめていることがわかる。

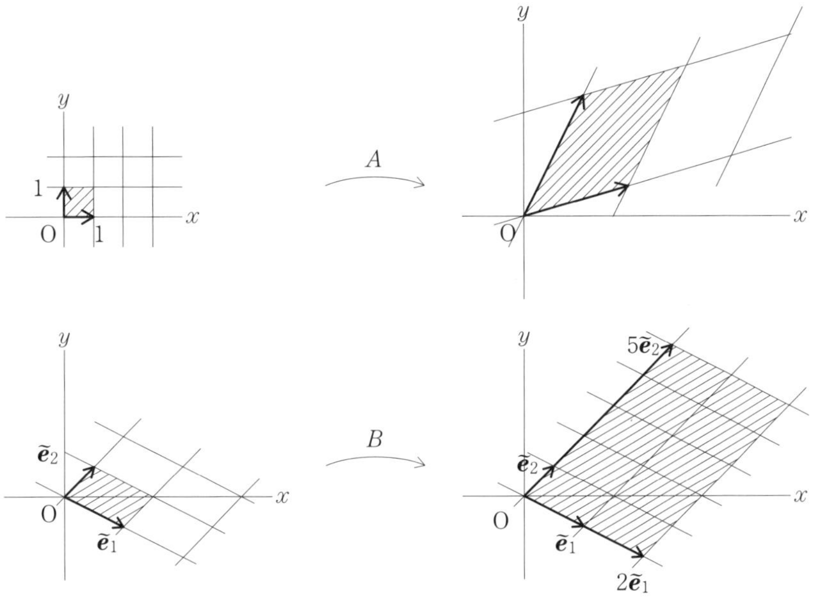

線形写像Tを行列で表現するとき，適当に基底をとり直すと，線形写像の状況がこのようにはっきりと行列によって表わされることがあるのである。いまの場合，行列Aの固有値は-2と3であるといい，$\tilde{\boldsymbol{e}}_1=(1, -1)$, $\tilde{\boldsymbol{e}}_2=(4, 1)$を，それぞれの固有値に対する固有ベクトルという。

これを次の節のテーマとしよう。

4 固有値

この節では，線形写像の固有値という考えを一般的に導入するが，これによって線形写像の理論が，行列という表現を通して方程式と深くかかわってくるのである。

【定義】 線形空間Vの線形写像をTとする。このとき$\mathbf{0}$でないベクトル$\boldsymbol{x}$で，適当な実数$\boldsymbol{\lambda}$をとると

$$\boldsymbol{T x = \lambda x}$$

が成り立つとき，$\boldsymbol{x}$をTの**固有ベクトル**，λをこの固有ベクトルに対する**固有値**という。

Tを表わす行列を$A=(a_{ij})$とすると，この定義に対応して

$$A\boldsymbol{x} = \lambda \boldsymbol{x}$$

をみたす$x \neq 0$があるとき，$\boldsymbol{x}$を行列Aの固有ベクトル，λをAの固有値という。すなわち行列の成分で表わすとき

$$\begin{pmatrix} a_{11} & a_{12} & \cdots & a_{1n} \\ a_{21} & a_{22} & \cdots & a_{2n} \\ & \cdots\cdots & & \\ a_{n1} & a_{n2} & \cdots & a_{nn} \end{pmatrix} \begin{pmatrix} x_1 \\ x_2 \\ \vdots \\ x_n \end{pmatrix} = \lambda \begin{pmatrix} x_1 \\ x_2 \\ \vdots \\ x_n \end{pmatrix}$$

が適当な実数λをとると，$x_1=\cdots=x_n=0$以外でも成り立つときである。

実数λが行列Aの固有値ということは，単位行列をIとすると

$$(\lambda I - A)\boldsymbol{x} = 0$$

をみたす$\boldsymbol{x}$が，0以外にも存在することである。したがってこのとき，$\lambda I - A$は正則行列でない。逆に$\lambda I - A$が正則行列でなければ，対応する線形写像は1対1でないから，$\boldsymbol{x}_1 \neq \boldsymbol{x}_2$で$(\lambda I - A)\boldsymbol{x}_1 = (\lambda I - A)\boldsymbol{x}_2$となるものがあり，$\boldsymbol{x} = \boldsymbol{x}_1 - \boldsymbol{x}_2$とおくと上の関係を満たす$\boldsymbol{x}(\neq 0)$が存在することになる。すなわち

$$\lambda \text{が} A \text{の固有値} \Longleftrightarrow \lambda I - A \text{が正則行列でない} \qquad (*)$$

正則行列でない条件は，対応する行列式が0でないことで示される。したがって

$$\lambda \text{が} A \text{の固有値} \Longrightarrow \det(\lambda I - A) = 0$$

である。ここでは(＊)に記されている逆向きの矢印$\Longleftarrow$は消えている。

その理由は $\det(\lambda I-A)=0$ が，実際行列式を展開してみると，λについての n 次の方程式となり，その根は実根だけではなく，複素数の根も含んでいるからである。したがって(＊)に対応することを行列式でいい表わそうとすると次の定理になる。

> **定理**　実数 λ が，行列 A の固有値となるための必要十分な条件は $\det(\lambda I-A)=0$ となることである。

念のため前節の例 $\begin{pmatrix} 2 & 4 \\ 1 & -1 \end{pmatrix}$ でこの定理を確かめておこう。このとき

$$\det\left(\begin{pmatrix} \lambda & 0 \\ 0 & \lambda \end{pmatrix}-\begin{pmatrix} 2 & 4 \\ 1 & -1 \end{pmatrix}\right)=\begin{vmatrix} \lambda-2 & -4 \\ -1 & \lambda+1 \end{vmatrix}=\lambda^2-\lambda-6=$$
$$=(\lambda+2)(\lambda-3)=0$$

から，固有値 $-2, 3$ が導かれている。

【定義】 $\Phi_\lambda(A)=\det(\lambda I-A)$ とおいて，$\Phi_\lambda(A)$ を A の**固有多項式**という。また $\Phi_\lambda(A)=0$ を**固有方程式**という。

ちょっとひといき　上に述べたように一般には $\Phi_\lambda(A)=0$ の根は実数とは限らない。このことについて少し述べておく。もともと線形性とは代数の立場に立ってみれば1次式の理論であった。しかしいまは線形写像の考察のなかから，$\Phi_\lambda(A)=0$ という λ についての高次の方程式が登場してくることになったのである。方程式の理論が自由に展開できるためには，数体系を実数から複素数へと広げていかなくてはならない。たとえば線形写像 A の固有値が，$\Phi_\lambda(A)=0$ の根として求められるということは，固有値は一般には複素数であり，したがって対応する固有空間も，‘複素線形空間’を考えなくてはならなくなってくることを示唆しているだろう。

線形代数の理論の枠組みを構成するとき，難しさはこの点にかかっている。複素数上で，最初から線形代数を構成していくと，座標平面上に例をかいて説明するような図形的なイメージを加えにくくなる。一方，実数に限ると，固有方程式の一般の根と線形写像の固有値とは結びつきがなくなってしまう。

この本では，私は有限次元の線形空間では，おもに実数の上の線形性に注目することにし，第2部で述べる無限次元の線形空間で複素数上の線形性を扱うことにした。

いままででわかったことは，線形写像 T の固有値と固有ベクトルは，T を表わす行列を A とするとき，まず $\boldsymbol{\Phi}_\lambda(A)=0$ となる λ を求め，次にこの λ に対し連立方程式 $Ax=\lambda x$ を解いて求められるということである。

次のことが成り立つ。

> 線形写像 T の相異なる固有値に対する固有ベクトルは1次独立である。

［**証明**］ $\lambda_1, \lambda_2, \cdots, \lambda_k$ を相異なる固有値とし，$\boldsymbol{x}_1, \boldsymbol{x}_2, \cdots, \boldsymbol{x}_k$ を対応とする固有ベクトルとする。すなわち

$$T\boldsymbol{x}_i = \lambda_i \boldsymbol{x}_i \qquad (\boldsymbol{x}_i \neq 0)$$

が成り立っているとする。

もし $\boldsymbol{x}_1, \boldsymbol{x}_2, \cdots, \boldsymbol{x}_k$ が1次独立でないとすると，ある $i(\geqq 2)$ に対して，$\boldsymbol{x}_1, \boldsymbol{x}_2, \cdots, \boldsymbol{x}_{i-1}$ は1次独立であるが，$\boldsymbol{x}_1, \boldsymbol{x}_2, \cdots, \boldsymbol{x}_{i-1}, \boldsymbol{x}_i$ は1次従属となるようなものが存在する。したがって

$$\boldsymbol{x}_i = \alpha_1\boldsymbol{x}_1+\alpha_2\boldsymbol{x}_2+\cdots+\alpha_{i-1}\boldsymbol{x}_{i-1} \qquad (*)$$

と表わされる。これに T を適用すると

$$\lambda_i\boldsymbol{x}_i = \alpha_1\lambda_1\boldsymbol{x}_1+\alpha_2\lambda_2\boldsymbol{x}_2+\cdots+\alpha_{i-1}\lambda_{i-1}\boldsymbol{x}_{i-1}$$

となる。一方，$(*)$の両辺に λ_i をかけると

$$\lambda_i\boldsymbol{x}_i = \alpha_1\lambda_i\boldsymbol{x}_1+\alpha_2\lambda_i\boldsymbol{x}_2+\cdots+\alpha_{i-1}\lambda_i\boldsymbol{x}_{i-1}$$

となる。辺々ひいて

$$0 = \alpha_1(\lambda_1-\lambda_i)\boldsymbol{x}_1+\alpha_2(\lambda_2-\lambda_i)\boldsymbol{x}_2+\cdots+\alpha_{i-1}(\lambda_{i-1}-\lambda_i)\boldsymbol{x}_{i-1}$$

となる。

$\boldsymbol{x}_1, \boldsymbol{x}_2, \cdots, \boldsymbol{x}_{i-1}$ は1次独立だったから，これから

$$\alpha_1(\lambda_1-\lambda_i) = 0, \quad \alpha_2(\lambda_2-\lambda_i) = 0, \quad \cdots, \quad \alpha_{i-1}(\lambda_{i-1}-\lambda_i) = 0$$

となり，$\lambda_1, \cdots, \lambda_i$ は異なっているので，$\alpha_1=\alpha_2=\cdots=\alpha_{i-1}=0$.（$*$）から

$\boldsymbol{x}_i=0$ となり，$\boldsymbol{x}_i\neq 0$ の仮定に反する結果が導かれた。したがって，$\boldsymbol{x}_1, \boldsymbol{x}_2, \cdots, \boldsymbol{x}_n$ は1次独立である。（証明終り）

これから T の固有値 $\lambda_1, \lambda_2, \cdots, \lambda_n$ がすべて異なるならば，対応する固有ベクトル $\boldsymbol{e}_1, \boldsymbol{e}_2, \cdots, \boldsymbol{e}_n$ をベクトル空間 V の基底にとることができることになる。このとき

$$\boldsymbol{x} = \alpha_1\boldsymbol{e}_1+\alpha_2\boldsymbol{e}_2+\cdots+\alpha_n\boldsymbol{e}_n$$

$$T\boldsymbol{x} = \alpha_1\lambda_1\boldsymbol{e}_1+\alpha_2\lambda_2\boldsymbol{e}_2+\cdots+\alpha_n\lambda_n\boldsymbol{e}_n$$

と表わされ，T を表わす行列は，この基底ベクトルによって

$$\begin{pmatrix} \lambda_1 & & & 0 \\ & \lambda_2 & & \\ & & \ddots & \\ 0 & & & \lambda_n \end{pmatrix}$$

と対角行列となる。

トピックス　固有値が数学の歴史に登場したとき

固有値の問題が最初に登場するのは，数学史の本を見ると，1743 年から 1758 年のあいだに出されたダランベールの論文が最初のようである。

ダランベールは有限個の点で重さを与えられた弦の振動を取り扱った。たとえば 3 点に重さの与えられた弦の振動の方程式から

$$\frac{d^2y_i}{dt^2}+\sum_{k=1}^{3}a_{ik}y_k = 0 \qquad (i = 1, 2, 3)$$

のような微分方程式が登場してきた。ダランベールはこの方程式を解くために，定数 ν_i をかけて

$$\sum_{i=1}^{3}\nu_i\frac{dy_i}{dt}+\sum_{i,k=1}^{3}\nu_i a_{ik}y_k = 0$$

とした。ここでダランベールは，未知数 λ を導入して

$$\sum_{i=1}^{3}\nu_i a_{ik}+\lambda\nu_k = 0, \qquad k = 1, 2, 3 \qquad (*)$$

という関係式に注目した。この関係式が成り立つということは，行列式

$$A = \begin{pmatrix} a_{11} & a_{21} & a_{31} \\ a_{21} & a_{22} & a_{32} \\ a_{31} & a_{32} & a_{33} \end{pmatrix}$$

を導入しておくと

$$A\begin{pmatrix} \boldsymbol{\nu}_1 \\ \boldsymbol{\nu}_2 \\ \boldsymbol{\nu}_3 \end{pmatrix} = -\boldsymbol{\lambda}\begin{pmatrix} \boldsymbol{\nu}_1 \\ \boldsymbol{\nu}_2 \\ \boldsymbol{\nu}_3 \end{pmatrix}$$

と表わされる。すなわち（＊）を解くことは，行列 A の 3 つの固有値 $\boldsymbol{\nu}_1$, $\boldsymbol{\nu}_2$, $\boldsymbol{\nu}_3$ を求めることになる。もし $\boldsymbol{\nu}_1$, $\boldsymbol{\nu}_2$, $\boldsymbol{\nu}_3$ が求められれば $u=\boldsymbol{\nu}_1 y_1+\boldsymbol{\nu}_2 y_2+\boldsymbol{\nu}_3 y_3$ とおくと，u は

$$\frac{d^2u}{dt^2}+\boldsymbol{\lambda}u = 0$$

をみたすことになる。この微分方程式はすでにオイラーにより解かれていたが，ダランベールは，$t\to\infty$ のとき有界であるような解だけが物理的に意味があるとして，それは $\boldsymbol{\lambda}$ の 3 つの値が異なる正の実数である場合であることも確かめていた。このとき解は $u=A\sin\sqrt{\boldsymbol{\lambda}}\,t+B\cos\sqrt{\boldsymbol{\lambda}}\,t$ となる。

コーシーは，1815 年のエコール・ポリテクニクにおける解析幾何学の講義のなかで，2 次曲線の分類に関係して固有値の考えを述べている。さらに 1829 年には，コーシーは 2 次の行列について，固有値や固有多項式の概念を明確にした。

しかし行列の理論が整えられてきたのは，前にも述べたように 19 世紀後半になってからのことである。

4 章

線形性の空間化

n 次元の線形空間は，基底を 1 つとるとその基底に関する座標が決まって，R^n と同型になる。しかしこの線形空間を，私たちは見慣れている座標平面や座標空間と重ねて見るようなことはしてこなかった。

座標平面や座標空間は，本来幾何学的なものを表現する場所であった。座標平面の考えを最初に数学に導入したのはデカルトであったが，デカルトはユークリッド幾何を解析することが目的であった。そこは 2 点間の長さと，2 線分のつくる角が測られるような場であった。同じように，線形代数に，さらに幾何学的視点をとり入れ，いわば空間化していくためには，線形空間のなかで，2 点のあいだの長さが測られ，また 2 つのベクトルのつくる角が測れるような構造を導入する必要があるだろう。それは内積という概念で与えられた。内積とは，2 つのベクトル $\boldsymbol{a}, \boldsymbol{b}$ に対して，$(\boldsymbol{a}, \boldsymbol{b})$ という表わし方で示される実数であり，$\boldsymbol{a}$ が $\boldsymbol{0}$ でないときは $(\boldsymbol{a}, \boldsymbol{a})>0$ という性質をみたしている。内積が与えられると，これを使って長さと角の概念を，線形空間に導入することができる。特に 2 つのベクトルが直交するという性質が重要なはたらきを示すことになる。線形空間の背景に空間が広がってきたのである。長さが測れるようになると，‘近づく’という動きもこの空間のなかに見えてくるようになる。

この広がりのなかに，しだいに有限次元の線形空間の彼方にある無限次元の線形空間が浮かび上ってくる。ここで展開する‘線形代数’は，解析学と融合して，関数解析学という新しい数学の分節をつくっていくことになるだろう。これは第 2 部の主題となる。

1
内積の導入

いままで述べてきた線形空間の概念はまったく代数的なものであった。n 次元線形空間上に 1 つの基底 $\{\boldsymbol{e}_1, \boldsymbol{e}_2, \cdots, \boldsymbol{e}_n\}$ をとり，これを基準にして各点に座標 $(x_1, x_2, \cdots, x_n)$ を与えたが，その上に与えられている構造は，加法とスカラー積という演算だけだったのである。

しかし私たちが，平面や空間でふつうに表わしている図形には，長さや角があり，そこに展開するのは代数ではなくて幾何学なのである。しかしこのような幾何学のほうに関心をもってくると，今度は高次元の $\boldsymbol{R}^n$ の世界に目を向けることが難しくなってくる。

私たちは代数的で抽象的な線形空間の上に，幾何学的な図形を描いてみるようなことはできないだろう。それでも‘長さ‘や’角’の概念を線形空間の構造のなかに導入することで，線形空間の上に空間的な広がりを与えたいと思う。

そのため線形空間 V 上に，内積という概念をまず与えることにする。

線形空間 V が与えられているとする。

【定義】 V の 2 つのベクトル $\boldsymbol{a}, \boldsymbol{b}$ に対して実数 $(\boldsymbol{a}, \boldsymbol{b})$ が対応して，次の性質をみたすとき，$(\boldsymbol{a}, \boldsymbol{b})$ を $\boldsymbol{a}$ と $\boldsymbol{b}$ の**内積**という。

（i） $(\boldsymbol{a}, \boldsymbol{a}) \geqq 0$；等号は $\boldsymbol{a}=0$ のときに限る。

（ii） $(\boldsymbol{a}, \boldsymbol{b}) = (\boldsymbol{b}, \boldsymbol{a})$

（iii） 実数 α, β に対して

$$(\alpha\boldsymbol{a}+\beta\boldsymbol{b}, \boldsymbol{c}) = \alpha(\boldsymbol{a}, \boldsymbol{c})+\beta(\boldsymbol{b}, \boldsymbol{c})$$

内積の与えられた線形空間を，**内積空間**ということにしよう。

> **【定義】** 内積空間 V のベクトル $\boldsymbol{a}$ に対して
> $$\|\boldsymbol{a}\| = \sqrt{(\boldsymbol{a}, \boldsymbol{a})}$$
> とおき，$\|\boldsymbol{a}\|$ を $\boldsymbol{a}$ の**ノルム**という。

$(\boldsymbol{a}, \boldsymbol{a})$のルートをとってもよいことは，内積の性質(i)によってこの値が負ではないからである。ノルムと内積については，次の不等式の関係が成り立つ。

$$|(\boldsymbol{a}, \boldsymbol{b})| \leqq \|\boldsymbol{a}\|\|\boldsymbol{b}\| \qquad (*)$$

［証明］ t を実数のパラメータとして内積$(\boldsymbol{a}t+\boldsymbol{b}, \boldsymbol{a}t+\boldsymbol{b})$を考える。このとき内積の性質を参照すると

$$\begin{aligned} 0 \leqq (\boldsymbol{a}t+\boldsymbol{b}, \boldsymbol{a}t+\boldsymbol{b}) &= (\boldsymbol{a}, \boldsymbol{a})t^2+(\boldsymbol{a}, \boldsymbol{b})t+(\boldsymbol{b}, \boldsymbol{a})t+(\boldsymbol{b}, \boldsymbol{b}) \\ &= (\boldsymbol{a}, \boldsymbol{a})t^2+2(\boldsymbol{a}, \boldsymbol{b})t+(\boldsymbol{b}, \boldsymbol{b}) \end{aligned}$$

$\boldsymbol{a}=0$ のときは，不等式(＊)の両辺は 0 となって成り立っている。$\boldsymbol{a} \neq 0$ のときは，上の式を t の 2 次式と考えると，すべての t に対して $\geqq 0$ だから，この判別式に対し

$$\{2(\boldsymbol{a}, \boldsymbol{b})\}^2-4(\boldsymbol{a}, \boldsymbol{a})(\boldsymbol{b}, \boldsymbol{b}) \leqq 0$$

が成り立たなくてはならない。すなわち

$$(\boldsymbol{a}, \boldsymbol{b})^2 \leqq (\boldsymbol{a}, \boldsymbol{a})(\boldsymbol{b}, \boldsymbol{b})$$

これからルートをとって(＊)が成り立つことがわかる。　　（証明終り）

上の内積とノルムの定義は抽象的なものであった。n 次元線形空間 V に基底を 1 つとって $\boldsymbol{R}^n$ として表現する。このとき V のベクトル $\boldsymbol{x}$ は，座標によって$(x_1, x_2, \cdots, x_n)$と表わされる。$\boldsymbol{R}^n$ の内積とは具体的に次のように定義される。

【$\boldsymbol{R}^n$ の内積】 $\boldsymbol{a}=(a_1, a_2, \cdots, a_n)$，$\boldsymbol{b}=(b_1, b_2, \cdots, b_n)$ に対して，$\boldsymbol{a}, \boldsymbol{b}$ の内積 $(\boldsymbol{a}, \boldsymbol{b})$ を

$$(\boldsymbol{a}, \boldsymbol{b}) = a_1b_1+a_2b_2+\cdots+a_nb_n$$

によって定義する。

これが内積の条件をみたしていることはすぐに確かめられる。このときノルムは

$$\| \boldsymbol{a} \| = \sqrt{{a_1}^2+{a_2}^2+\cdots+{a_n}^2}$$

で与えられている。これは 2 次元，3 次元の場合を考えればベクトル $\boldsymbol{a}$ の長さを表わしていると考えられる。このようにして $\boldsymbol{R}^n$ の内積は‘長さ’の導入にもなっているが，実は内積は‘角’とも深くかかわっている。このことをこれから述べてみよう。

内積の定義のおこりは三角法に出てくる次の余弦定理にまで遡る。三角形 ABC の∠A と 3 辺の長さ a, b, c のあいだには

$$a^2 = b^2+c^2-2bc \cos \mathrm{A}$$

という関係がある。これから

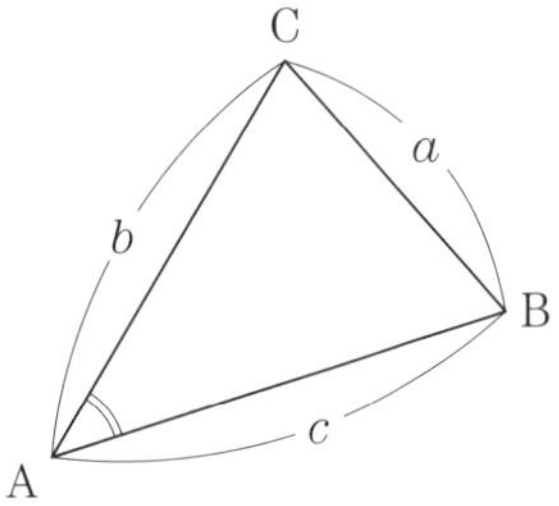

$$\cos \mathrm{A} = \frac{b^2+c^2-a^2}{2bc}$$

となる。この関係式を次ページの図のように座標を使ってかき直すと

$$\cos \mathrm{A} = \frac{({b_1}^2+{b_2}^2)+({c_1}^2+{c_2}^2)-\{(b_1-c_1)^2+(b_2-c_2)^2\}}{2\sqrt{{b_1}^2+{b_2}^2}\sqrt{{c_1}^2+{c_2}^2}}$$

$$= \frac{b_1c_1+b_2c_2}{\sqrt{{b_1}^2+{b_2}^2}\sqrt{{c_1}^2+{c_2}^2}} = \frac{(\boldsymbol{b}, \boldsymbol{c})}{\| \boldsymbol{b} \| \| \boldsymbol{c} \|}$$

となる。すなわち cos A は，内積とノルムで表わされるのである。ここで注目すべきことは，

$$\angle \mathrm{A} = 直角 \Longleftrightarrow (\boldsymbol{b}, \boldsymbol{c}) = 0$$

が成り立つことである。

余弦定理の

$$\cos \mathrm{A} = \frac{(\boldsymbol{b}, \boldsymbol{c})}{\|\boldsymbol{b}\| \|\boldsymbol{c}\|}$$

というこの表現は $\boldsymbol{R}^n$ のなかに三角形 ABC をかいて，それを $\boldsymbol{R}^n$ の座標を使って表わしても成り立つ。しかし一般に，$\boldsymbol{R}^n$ のなかの 2 つのベクトルのつくる角が，35°とか，67°とか測るようなことはない。しかし，2 つのベクトル $\boldsymbol{b}, \boldsymbol{c}$ のつくる角が 90°のときに $\cos 90° = 0$ だから，上の式から $(\boldsymbol{b}, \boldsymbol{c}) = 0$ である。2 つのベクトルが直交するという性質は，はっきりと内積に反映している。

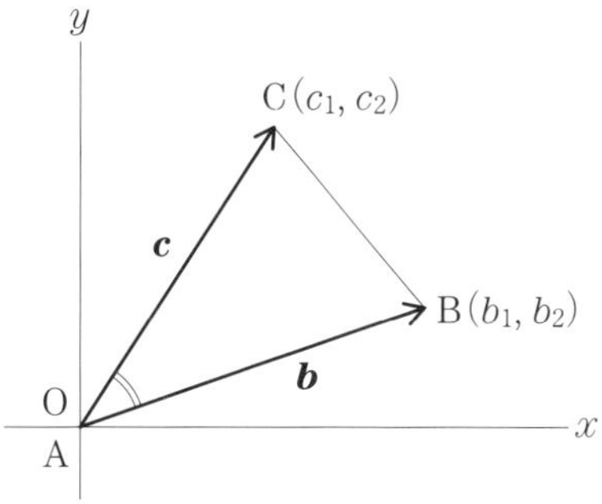

これからの話に合わせるために，ここで内積空間のベクトルを点と同一視して次の定義をおく。

【定義】 内積空間の 2 点 $\boldsymbol{a}, \boldsymbol{b}$ が

$$(\boldsymbol{a}, \boldsymbol{b}) = 0$$

をみたすとき，$\boldsymbol{a}$ と $\boldsymbol{b}$ は**直交**しているという。

この定義によって，内積空間 V の 2 つの部分空間 E_1, E_2 の直交性も定義することができる。すなわち

$$\boldsymbol{x} \in E_1, \quad \boldsymbol{y} \in E_2 \Longrightarrow (\boldsymbol{x}, \boldsymbol{y}) = 0$$

をみたすとき，E_1 と E_2 は**直交している**といって

$$E_1 \perp E_2$$

と表わす。このとき $\boldsymbol{x}+\boldsymbol{y}$ $(\boldsymbol{x} \in E_1, \boldsymbol{y} \in E_2)$ のつくる部分空間を E_1 と E_2 の**直和**といい，$E_1 \oplus E_2$ で表わす。

特に V が 2 つの直交する部分空間 E, F によって

$$V = E \oplus F \qquad (*)$$

と表わされるとき，E と F は互いに直交補空間の関係にあるといい

$$E = F^{\perp}, \quad F = E^{\perp}$$

と表わす。

また(＊)にしたがって，V の点 $\boldsymbol{x}$ が

$$\boldsymbol{x} = \boldsymbol{x}_1 + \boldsymbol{x}_2, \qquad \boldsymbol{x}_1 \in E,\ \boldsymbol{x}_2 \in F$$

と表わされるとき

$$P\boldsymbol{x} = \boldsymbol{x}_1$$

とおいて，P を V から E への**射影作用素**という。

内積を導入することで，線形空間 V には直交性という性質が付与されてきた。したがって内積空間には，私たちが平面座標や空間座標で見慣れている‘直交座標系’が導入されるはずである。それはそれぞれの長さが1で，互いに直交しているような座標軸によって与えられるものである。それが次の定義となる。

【定義】 n 次元内積空間の基底ベクトル $\{\boldsymbol{e}_1, \boldsymbol{e}_2, \cdots, \boldsymbol{e}_n\}$ が

i） $\|\boldsymbol{e}_i\| = 1 \qquad (i = 1, 2, \cdots, n)$

ii） $i \neq j$ のとき $(\boldsymbol{e}_i, \boldsymbol{e}_j) = 0$

をみたすとき，**正規直交基底**という。

このとき次のことが成り立つ。

内積空間 V に，1つの基底 $\{\boldsymbol{e}_1, \boldsymbol{e}_2, \cdots, \boldsymbol{e}_n\}$ が与えられたとき，これから正規直交基底 $\{\tilde{\boldsymbol{e}}_1, \tilde{\boldsymbol{e}}_2, \cdots, \tilde{\boldsymbol{e}}_n\}$ をつくることができる。

この構成法は帰納的に行なわれる。

まず

$$\tilde{\boldsymbol{e}}_1 = \frac{1}{\|\boldsymbol{e}_1\|}\boldsymbol{e}_1$$

とおく。$\|\tilde{\boldsymbol{e}}_1\|=1$ である。次に

$$\boldsymbol{e}_2' = \boldsymbol{e}_2-(\boldsymbol{e}_2, \tilde{\boldsymbol{e}}_1)\tilde{\boldsymbol{e}}_1$$

とおく。このとき $\boldsymbol{e}_2' \neq 0$ である。もし $\boldsymbol{e}_2' = 0$ ならば，$\boldsymbol{e}_1$ と $\boldsymbol{e}_2$ は1次従属になってしまう。また $\boldsymbol{e}_2'$ は $\tilde{\boldsymbol{e}}_1$ に直交している。実際

$$\begin{aligned}(\boldsymbol{e}_2', \tilde{\boldsymbol{e}}_1) &= (\boldsymbol{e}_2, \tilde{\boldsymbol{e}}_1)-(\boldsymbol{e}_2, \tilde{\boldsymbol{e}}_1)(\tilde{\boldsymbol{e}}_1, \tilde{\boldsymbol{e}}_1)\\ &= (\boldsymbol{e}_2, \tilde{\boldsymbol{e}}_1)-(\boldsymbol{e}_2, \tilde{\boldsymbol{e}}_1) = 0.\end{aligned}$$

そこで

$$\tilde{\boldsymbol{e}}_2 = \frac{1}{\|\boldsymbol{e}_2'\|}\boldsymbol{e}_2'$$

とおくと，$\|\tilde{\boldsymbol{e}}_1\|=\|\tilde{\boldsymbol{e}}_2\|=1$，$(\tilde{\boldsymbol{e}}_1, \tilde{\boldsymbol{e}}_2)=0$ となる。

同様にして

$$\tilde{\boldsymbol{e}}_3' = \boldsymbol{e}_3-(\boldsymbol{e}_3, \tilde{\boldsymbol{e}}_1)\tilde{\boldsymbol{e}}_1-(\boldsymbol{e}_3, \tilde{\boldsymbol{e}}_2)\tilde{\boldsymbol{e}}_2$$

とおく。このとき上と同様にして，$\tilde{\boldsymbol{e}}_3' \neq 0$，$(\tilde{\boldsymbol{e}}_3', \tilde{\boldsymbol{e}}_1)=(\tilde{\boldsymbol{e}}_3', \tilde{\boldsymbol{e}}_2)=0$ を示すことができる。そこで

$$\tilde{\boldsymbol{e}}_3 = \frac{1}{\|\boldsymbol{e}_3'\|}\boldsymbol{e}_3'$$

とおくと，$\|\tilde{\boldsymbol{e}}_1\|=\|\tilde{\boldsymbol{e}}_2\|=\|\tilde{\boldsymbol{e}}_3\|=1$，$(\tilde{\boldsymbol{e}}_1, \tilde{\boldsymbol{e}}_3)=(\tilde{\boldsymbol{e}}_2, \tilde{\boldsymbol{e}}_3)=0$ となる。

この操作を n 回くりかえすと，V の任意の基底 $\{\boldsymbol{e}_1, \boldsymbol{e}_2, \cdots, \boldsymbol{e}_n\}$ から，正規直交基底 $\{\tilde{\boldsymbol{e}}_1, \tilde{\boldsymbol{e}}_2, \cdots, \tilde{\boldsymbol{e}}_n\}$ が得られるのである。

（注意） この構成法を**グラム・シュミットの直交法**という。

さて，そこではじめから，与えられた内積空間 V に，正規直交基底 $\{\boldsymbol{e}_1, \boldsymbol{e}_2, \cdots, \boldsymbol{e}_n\}$ をとっておくことにする。このとき任意のベクトル $\boldsymbol{a}$ を，この基底を使って

$$\boldsymbol{a} = a_1\boldsymbol{e}_1+a_2\boldsymbol{e}_2+\cdots+a_n\boldsymbol{e}_n$$

と表わしておくと

$$\begin{aligned}\|\boldsymbol{a}\|^2 &= (\boldsymbol{a}, \boldsymbol{a}) = (a_1\boldsymbol{e}_1+\cdots+a_n\boldsymbol{e}_n,\ a_1\boldsymbol{e}_1+\cdots+a_n\boldsymbol{e}_n)\\ &= \sum_{i,j}a_i a_j(\boldsymbol{e}_i, \boldsymbol{e}_j) = \sum_{i=1}^{n}a_i{}^2\end{aligned}$$

となる。したがって

$$\| \boldsymbol{a} \| = \sqrt{\sum_{i=1}^{n} a_i{}^2}$$

である。また $\boldsymbol{a}$ と $\boldsymbol{b}$ との内積 $(\boldsymbol{a}, \boldsymbol{b})$ は

$$(\boldsymbol{a}, \boldsymbol{b}) = (\sum_{i=1}^{n} a_i \boldsymbol{e}_i,\ \sum_{i=1}^{n} b_i \boldsymbol{e}_i)$$

$$= \sum_{i,j=1}^{n} a_i b_j (\boldsymbol{e}_i, \boldsymbol{e}_j) = \sum_{i=1}^{n} a_i b_i$$

と表わされる。

2 対称行列と直交行列

内積空間 V の線形写像 T が

$$(T\boldsymbol{x}, \boldsymbol{y}) = (\boldsymbol{x}, T\boldsymbol{y})$$

をみたすとき**対称作用素**という。V に正規直交基底 $\{\boldsymbol{e}_1, \boldsymbol{e}_2, \cdots, \boldsymbol{e}_n\}$ を 1 つとって，対称作用素 T を行列 $A = (a_{ij})$ と表わすと，上の内積の関係は

$$\sum_i (\sum_j a_{ij} x_j) y_i = \sum_i x_i (\sum_j a_{ij} y_j)$$

この左辺で，文字 i, j をとりかえてかき直すと

$$\sum a_{ji} x_i y_j = \sum a_{ij} x_i y_j$$

という関係が得られる。x_{ij} の係数を等しいとおいて

$$a_{ji} = a_{ij} \qquad (*)$$

となる。これは行列 A の成分が対角線に関して対称に並んでいることを示している。

行列 $A = (a_{ij})$ が $(*)$ をみたすとき，**対称行列**という。このとき次の定

理が成り立つ。

> **定理**
>
> (1)　対称行列 A の固有方程式 $\boldsymbol{\Phi}_\lambda(A)=\det(\lambda I-A)=0$ の根はすべて実数である。
>
> (2)　A の異なる固有値を $\lambda_1, \lambda_2, \cdots, \lambda_s$ とし，各固有値 λ_i に対する固有空間を E_i とすると
>
> $$V = E_1 \oplus E_2 \oplus \cdots \oplus E_s$$
>
> と**直和分解**される。
>
> (3)　$i \neq j$ のとき $E_i \perp E_j$.

ここで(2)で述べている**固有空間** E_i とは

$$E_i = \{\, x \mid Ax = \lambda_i x \,\}$$

で与えられる部分空間のことである。

(1)は $\det(\lambda I-A)=0$ という λ についての n 次の方程式が実根しかもたないことを示す必要があり，そのため，線形空間にはたらくスカラーを，実数から複素数へとひとまず広げて証明する必要がある。複素線形空間は第2部で取り扱うが，そのとき(1)について触れることにする(159頁参照)。

ここでは(2)と(3)だけを証明しよう。

A の固有値は $\det(\lambda I-A)=0$ の根だから，(1)により少なくとも1つの固有値 λ_1(実数)が存在する。この λ_1 に対応する固有空間を E_{λ_1} とする。E_{λ_1} に直交するベクトル全体は V の部分空間 F をつくり

$$F = E_{\lambda_1}^{\perp}, \qquad V = E_{\lambda_1} \oplus F$$

となる。

$\boldsymbol{x} \in E_{\lambda_1}$, $\boldsymbol{y} \in F$ とすると，A の対称性により

$$(A\boldsymbol{x}, \boldsymbol{y}) = (\boldsymbol{x}, A\boldsymbol{y})$$

となるが，左辺は $(\lambda_1 \boldsymbol{x}, \boldsymbol{y}) = \lambda_1(\boldsymbol{x}, \boldsymbol{y}) = 0$ である。これから右辺をみると $A\boldsymbol{y} \in F$ のことがわかる。したがって A は部分空間 F に限って考えたとき，

F 上の対称作用素となる。A の F 上での固有値の 1 つを λ_2 とすると $F=E_{\lambda_2}\oplus F'$ と直和分解される。A は F' 上で，ふたたび対称な作用素となっており，同様の議論をすることができる。これをくりかえしていくと，A の異なる固有値 $\lambda_1, \lambda_2, \cdots, \lambda_s$ に対して(2)，(3)が成り立つことがわかる。これで定理は証明された。（証明終り）

(2)と(3)にしたがって，V の正規直交基底をとり，それを新しい基定として基底変換すると，対称行列 A は

$$P^{-1}AP = \begin{pmatrix} \lambda_1 \cdots & & & & 0 \\ & \lambda_1 & & & \\ & & \lambda_2 \cdots & & \\ & & & \lambda_n \cdots & \\ 0 & & & & \lambda_s \end{pmatrix}$$

と表わされる。このことを対称行列は対角化可能であるという。

内積空間 V の線形写像 T が

$$(T\boldsymbol{x}, T\boldsymbol{y}) = (\boldsymbol{x}, \boldsymbol{y})$$

をみたすとき，**直交作用素**という。直交作用素は内積を保つから，2 つのベクトル $\boldsymbol{x}, \boldsymbol{y}$ を T でうつしても，長さも角も変えない。平面の場合，このような性質をもつ変換は原点を保つ**合同変換**であり，それは**回転**となる。

直交作用素を表わす行列を**直交行列**という。直交行列は適当な正規直交基底をとって表わすと

$$\begin{pmatrix} \begin{matrix} \cos\theta_1 & -\sin\theta_1 \\ \sin\theta_1 & \cos\theta_1 \end{matrix} & & 0 \\ & \ddots & \\ 0 & & \begin{matrix} \cos\theta_n & -\sin\theta_n \\ \sin\theta_n & \cos\theta_n \end{matrix} \end{pmatrix}$$

という形か，この形の行列の対角線の先に，さらに ±1 が続く行列として表わされる。

トピックス　内積の導入によって代数は無限次元へ

ユークリッド空間の本質的な構造は，座標を通してみると，平面では原点から点 $P(a_1, a_2)$ までの距離が，ピタゴラスの定理によって $\sqrt{a_1{}^2+a_2{}^2}$ と表わされ，空間では原点から $Q(a_1, a_2, a_3)$ までの距離が $\sqrt{a_1{}^2+a_2{}^2+a_3{}^2}$ で表わされることによって与えられている。ユークリッド幾何が，座標平面上で解析幾何として表現され，展開するのはこの世界の上である。長さが決まれば，三角形の合同定理によって角も決まるのである。

私たちは，線形空間というまったく抽象的な設定から出発したが，いまは内積の導入によって，このユークリッドの枠組みを一般の n 次元にまで広げることができたといってよい。正規直交基底を通して，私たちは n 本の直交する座標軸と，それを用いて原点から 1 点にいたる距離をはっきりととらえることができるのである。

内積という概念は，線形空間の立場から計量を導入したものであるといってよい。抽象的な線形代数が，内積空間上で展開するのは，座標平面上での‘解析幾何’をもじっていえば，‘解析代数’なのかもしれない。解析幾何学はすでに完成していたユークリッド幾何学を，解析の方法によって取り扱うものであったが，線形代数から出発したこの‘解析代数’は，代数の枠組みを解析のなかに納めて，有限次元から無限次元へと，未開な広大な原野へ展開していく可能性を内蔵していたのである。それは第 2 部の主題となる。

第 2 部

無限次元の線形空間

抽象空間のなかの解析構造

5章 積分方程式から湧き上がった波

第1部で学んできたことからみても，線形性というのは本質的に代数の概念であり，この代数の枠組みはすでに完成しているといってよいのである。この枠組みを破って，有限から無限へと進む道はあるのだろうか。

この道は，1900年代のはじめに，フレードホルムによって見出され，それは当時数学の中心であったゲッチンゲンにいたヒルベルトに衝撃を与えたのである。フレードホルムは，積分方程式の解法を探っていくうちに，この道を見出したのである。区間 $[a, b]$ で定義されている関係 $f(x)$ の定積分は，$[a, b]$ の n 等分点における $f(x)$ の値の1次式として近似される。もしこの n 等分点の値を R^n の座標とみれば，この近似式は，R^n での線形の関係を与えていることがわかるだろう。そうすると，ここで等分点を増やしてしだいにその値が $f(x)$ の定積分に近づくことは，R^n でのこの線形の関係が，しだいに無限に向かって次元を高め，いわば有限次元の階段を駆け上がって無限を目指すこととして理解されてくる。もし，定積分のなかに未知関数が入っている積分方程式が与えられ，それがこの R^n での近似の段階で，連立1次方程式の形をとるならば，このときそこでクラーメルの解法で示された解も，同じ階段を駆け上がり，究極的には積分方程式の解を与えることになるだろう。ここで辿りついた場所は，しかし代数ではなく解析の世界なのである。フレードホルムの理論は，数学に新しい躍動感をもたらすことになった。

ヒルベルトは直ちにフレードホルムの理論に数学の新しい動きがはじまったことを感取した。そしてヒルベルトは近似の到達する場所を，無限次元の線形空間として提示したのである。

1 フレードホルムの積分方程式

1903年，スウェーデンの数学者フレードホルムは *Acta Mathematica* という数学誌に 'Sur une classe d'equations fonctionelles'(関数方程式のあるクラスについて)という26頁の論文を発表した。この論文はまさにはじまろうとしていた20世紀数学の上に，大きな波紋を広げていくことになった。フレードホルムの扱ったのは

$$f(x)+\lambda\int_a^b K(x,t)f(t)dt=\varphi(x) \qquad (*)$$

という形の関数方程式であった。ここで $\varphi(x)$ は既知関数であり，$f(x)$ が未知関数なのである。もし λ を適当にとったとき，この関係をみたすような $f(x)$ が存在するならば，$f(x)$ を具体的に求めよという問題が提起されてくる。これは「フルードホルムの積分方程式」とよばれている。

微分方程式を解くには，微分の逆演算である積分を使う。しかしこのように定積分のなかに未知関数が入ってくると，この未知関数を微分や積分をつかって取り出すことができなくなってくる。もしこの関数方程式から $f(x)$ を取り出す方法があるとすれば，それは18世紀，19世紀の数学が築き上げてきた，**解析学の流れの外に求めなくてはならない**だろう。

トピックス　フレードホルム登場前夜

微分方程式は，微分積分の誕生と同時に生まれ，それは18世紀の数学のなかでは解析学や，数理物理学の中心におかれてきた。しかしそれに対して積分記号のなかに未知関数が入っている積分方程式が登場したのはだ

いぶ遅れて，1826 年と 1829 年に発表されたアーベルの論文が最初であった。アーベルは，平面上のある点から原点に向かう曲線に沿って物体が落下していく状況から次のような問題を考えた。「高さ x まで降下する時間 t が，あらかじめ $t=\varphi(x)$ として与えられているとき，この降下曲線を求めよ」，アーベルはそれを曲線の式 $u(\xi)$ を未知関数として，

$$\varphi(x) = \frac{1}{\sqrt{2g}}\int_0^x \frac{u(\xi)}{\sqrt{x-\xi}}d\xi \qquad (g\text{ は重力定数})$$

という積分方程式とし，これを解いたのである。この解は

$$u(\xi) = \frac{\sqrt{2g}}{\pi}\frac{d}{d\xi}\int_0^\xi \frac{\varphi(x)}{\sqrt{\xi-x}}dx$$

で与えられる。

しかしその後，フレードホルムの仕事が現われるまで積分方程式が大きなテーマとして数学のなかで取り上げられることはなかったようである。

これについてデュドネ『関数解析の歴史』から引用しておこう。

「‘積分方程式’という名前は，1888 年になって最初にデュ・ボア・レイモンにより，ディリクレ問題に関する論文のなかで用いられた。デュ・ボア・レイモンは，ビーア・ノイマン型（現在では第 2 種フレードホルム型とよばれているもの）を念頭においていたようであったが，このような方程式の一般理論をつくることは，‘克服しがたいような困難さ’に出会うだろうと考えていた。彼はまたこのような理論が達成された暁には，多くの進歩がもたらされるだろうと確信していたが，一方では‘この問題についてほとんど何も知られていない’ことも認めていた。少しあとに行なわれたポアンカレの仕事も，またポアンカレのあとを追う人たちも，このような印象をぬぐいさることはできなかった。彼らの結果は，ポテンシャル論の微妙な評価の問題と積分方程式論を結びつけるような道を指し示しているようであった。」

フレードホルムは，(＊)を解くためにそれまでの解析学の方法を用いることはなかった。それにかわって，連立1次方程式を解く「クラーメルの解法」に注目し，そこでの方程式の個数を，したがってまた未知数の個数をしだいに増やしながら，行列式の次数を高めていく階段を一段，一段と上りつめていった。積分とはもともと有限和の極限であった。この階段を上りきった究極のところで，クラーメルの解法が積分の形をとり，(＊)の解が姿を現わしたのである。たとえていえば，クラーメルが行列式という明かりで照らした道を，フレードホルムはその光が届かなくなるほど遠い無限まで歩んで，そこで積分方程式の解をとらえたのである。

これからフレードホルムの考えを述べることにする。まず(＊)を再記しておこう。

$$f(x)+\lambda\int_a^b K(x,t)f(t)dt=\varphi(x) \qquad (*)$$

ここで，$\varphi(x)$は区間$[a,b]$で連続な関数，$K(x,t)$は$[a,b]\times[a,b]$で連続な関数で積分方程式の核という。この2つが与えられているとき，上の関係式から未知関数$f(x)$を求めるのである。

フレードホルムは，この左辺の積分を区間$[a,b]$をn等分した分点

$$x_k=\frac{b-a}{n}k \qquad (k=1,2,\cdots,n)$$

で近似し，(＊)の左辺の近似和から得られるn元1次の連立方程式

$$f(x_j)+\frac{\lambda(b-a)}{n}\sum_{k=1}^{n}K(x_j,x_k)f(x_k)=\varphi(x_j) \qquad (j=1,2,\cdots,n)$$

をまず考察の出発点においた。ここで未知数は$f(x_1),f(x_2),\cdots,f(x_n)$である。しかし$f(x)$は未知関数なのだから，この連立方程式は，未知数を$y_1,y_2,\cdots,y_n$として

$$y_j+\frac{\lambda(b-a)}{n}\sum_{k=1}^{n}K(x_j,x_k)y_k=\varphi(x_j) \quad (j=1,2,\cdots,n) \quad (**)_n$$

とかいておいたほうがはっきりする。この連立方程式を解いて$y_1,y_2,\cdots,$

y_n を求め，座標平面上に点

$$(x_1, y_1), (x_2, y_2), \cdots, (x_n, y_n)$$

をとれば，$n\to\infty$ とするとこれらの点は，しだいに(＊)の解曲線 $y=f(x)$ のグラフを座標平面上に浮かび上がらせ，それは究極のところで解 $y=f(x)$ を与えるのではないだろうか。

しかし連立方程式$(＊＊)_n$ がただ1つの解をもつためには，$(＊＊)_n$ の係数のつくる行列式が0であってはならない。そしてそのとき$(＊＊)_n$ の解は，分母，分子に n 次の行列式が現われる式となる。このような式の $n\to\infty$ のときの極限まで追うことはできるのか。

線形代数のなかからは決して見られなかった，無限の闇へと突き進んでいくようなこの問題にフレードホルムは突き進んでいったのである。

少し面倒な式が続くが，フレードホルムの進んだ道を追ってみることにしよう。ここではフレードホルムの見出した新しい数学の光景を眺めていただきたい。

まず$(＊＊)_n$ の係数のつくる n 次の行列式が問題となる。

$$b-a=h$$

とおくと，この行列式は

$$\begin{vmatrix} 1+\dfrac{\lambda h}{n}K(x_1, x_1) & \cdots & \dfrac{\lambda h}{n}K(x_1, x_j) & \cdots & \dfrac{\lambda h}{n}K(x_1, x_n) \\ & & \cdots\cdots & & \\ \dfrac{\lambda h}{n}K(x_i, x_1) & & 1+\dfrac{\lambda h}{n}K(x_i, x_j) & & \dfrac{\lambda h}{n}K(x_i, x_n) \\ & & \cdots\cdots & & \\ \dfrac{\lambda h}{n}K(x_n, x_1) & & \cdots & & 1+\dfrac{\lambda h}{n}K(x_n, x_n) \end{vmatrix}$$

と表わされる。

これが$(＊＊)_n$ をクラーメルの解法でとくときの分母にくる行列式となる。

この行列式が，$n\to\infty$ とするとき本当に決まった値に収束するのだろうか。ふつうならたじろんでしまうようなこの問題に，フレードホルムは次のように立ち向かった。

上の行列式を λ で展開してみると

$$1+\frac{\lambda h}{n}\sum_{k}K(x_k, x_k)+\frac{\lambda^2 h^2}{2\,!\,n^2}\sum_{k_1, k_2}\begin{vmatrix} K(x_{k_1}, x_{k_1}) & K(x_{k_1}, x_{k_2}) \\ K(x_{k_1}, x_{k_2}) & K(x_{k_2}, x_{k_2}) \end{vmatrix}+\cdots$$

となる。ここで $\dfrac{h}{n}=\dfrac{b-a}{n}$ を行列式のなかにとりこみ，区分求積の部分和の形にする。その上で $n\to\infty$ とすると，形式的な λ の巾級数

$$\varDelta(\lambda)=1+\lambda\int_a^b K(s, s)ds+\frac{\lambda^2}{2\,!}\int_a^b\int_a^b K\begin{pmatrix} s_1 & s_2 \\ s_1 & s_2 \end{pmatrix} ds_1 ds_2$$
$$+\cdots+\frac{\lambda^m}{m!}\int_a^b\cdots\int_a^b K\begin{pmatrix} s_1\cdots s_m \\ s_1\cdots s_m \end{pmatrix} ds_1\cdots ds_m+\cdots$$

が得られる。ここで

$$K\begin{pmatrix} x_1 & x_2 \cdots x_m \\ y_1 & y_2 \cdots y_m \end{pmatrix}=\begin{vmatrix} K(x_1, y_1) & K(x_1, y_2) \cdots & K(x_1, y_m) \\ K(x_2, y_1) & \cdots & K(x_2, y_m) \\ & \cdots\cdots & \\ K(x_m, y_1) & & K(x_m, y_m) \end{vmatrix}$$

とおいている。この段階でフレードホルムは，アダマールによって得られた行列式の評価式

$$|\det(A)|^2\leqq\prod_{i=1}^{n}\left(\sum_{j=1}^{n}|a_{ij}|^2\right),\qquad A=(a_{ij})$$

を用いて

$\varDelta(\lambda)$ はすべての実数 λ について収束する

ことを証明したのである。

これで（＊＊）$_n$ で，$n\to\infty$ とすると，いわば極限におけるクラーメルの公式の分母に相当する $\varDelta(\lambda)$ がとらえられたことになる。

フレードホルムは，同様の考察から，（＊＊）$_n$ で，$n\to\infty$ したときのクラーメルの公式の分子に相当する関数 $\varPhi(s)$ も見出し，$\varDelta(\lambda)\neq 0$ のとき，積分方程式（＊）の解が

$$f(s) = \frac{1}{\Delta(\lambda)}\boldsymbol{\Phi}(s)$$

として与えられることを見出したのである。

こうして有限次元の線形代数のなかから，行列式による連立方程式のクラーメルの解法が，まず最初に無限の橋を渡って，解析の世界へと入り，積分方程式の解を与えたのである。線形代数が展開する先に，はじめて広い眺望がひらけてきた。ここに最初に立って，新しくはじまろうとする数学の方向を見定めたのはヒルベルトであった。20 世紀の解析学がまさにはじまろうとしていた。

2 フレードホルムからヒルベルトへ

ヒルベルトは 19 世紀から 20 世紀への数学の過渡期において，ゲッチンゲン大学にあって，数学の巨峰として数学界から仰がれていた。20 世紀数学の源流の多くはヒルベルトから湧き上がったといってよいのかもしれない。ヒルベルトは，不変式論や，数論や，幾何学において，深い研究を行なっていたが，1900 年の国際数学者会議おける有名な「数学の問題」の講演のあとから，解析学の研究へ入っていった。ヒルベルトは解析学に対する革命的な思想を，積分方程式を通して開示していくことになった

ヒルベルト

のである。このことについて，ここではリード『ヒルベルト　現代数学の巨峰』(岩波書店)を参照して，その間の事情を述べてみよう。

パリの国際数学者会議のあとも，ヒルベルトは幾何学の諸問題を研究していたが，やがて研究の方向が大きく変わってきた。この契機となったのは，1900 年−1901 年の冬に，あるスウェーデンの学生が，フレードホルムによって出された積分方程式に関する論文(正確には正式発表される前の論文)をヒルベルトのセミナーにもってきたことからはじまる。

積分方程式は，連続体の振動に関する問題と密接に関係している関数方程式であるが，その研究は十分には進んでいなかった。しかしフレードホルムは，前節で述べたように，積分方程式を，連立１次方程式の極限の形でとらえたのである。ここには代数学の道を無限の方向に進んでいくと，究極的に達する場所は解析学であるということがはじめて示されたのである。

ヒルベルトは解析学にも公理的枠組みを導入することを熱心に考えていた。そして解析学にこの強力な方法を適用し，それを統一化し，整理し，明確化することを望んでいたのである。ヒルベルトはすでにその方法を試みていたが，さらに大きな視点がフレードホルムの発想のなかに含まれていることを知り，積分方程式のテーマに向けて努力を集中していった。

ヒルベルトは，以後，彼の学生の前で積分方程式についてのみ語るようになった。ゲッチンゲンに１つの大きな波が湧き上がってきたのである。

なお，フレードホルムの論文が論文として雑誌に発表する以前に，ゲッチンゲンに伝えられていたことからも，たぶん当時のゲッチンゲンには，さまざまな数学の情報が集まって，それが渦まいていたのだろう。

トピックス　**高木貞治とヒルベルトの出会い**

先のリードの本にこの前後のこととして，私たち日本人にとって大変興味のある文章があるので，それを転載させていただく。

> 「若い日本人高木貞治が，国費留学生としてゲッティンゲンを訪れたのはこの頃であった。彼はやがて，ヒルベルトが彼の代数的整数論に関する最後の論文でスケッチした類体論の考え方を発展させた5,6人の数学者の中の一人になる。彼はすでに「新撰算術」という小冊子を著わしていた。この小冊子は，ヒルベルトによって最近なされた数論の業績に比較すれば極めて簡単なものであったが，当時の彼の生国の数学的レヴェルから見た場合，非常に進んだ内容のものであった。いまや，彼は *Zahlbericht* の著者とともに研究できることを期待していた。しかし，高木がゲッティンゲンに到着した時期には，ヒルベルトは数論に関して彼に話す何の話題をも持たなかった。そのかわりに，当時すでに学生たちとの会話と講義の中で最終的にその積分方程式の一般理論の中で用いられることになるアイディアの数々の大筋を描き始めていた。」

フレードホルムは行列式の階段を上って積分方程式へと進んでいったが，ここでひとつ注意しておくことがある。それはクラーメルの解法は連立方程式の解の表示にあったが，そこには解を求めるアルゴリズムが行列式のなかに‘かきこまれていた’という事実である。しかしフレードホルムの解の形からは，アルゴリズムは消えている。積分方程式に求められるのは，解のアルゴリズムではなく，解となる関数の明確な表示と，そこから得られるその関数のもつ特性なのである。

ヒルベルトの眼には，積分方程式の展開する場として，そのうしろに無限次元の線形空間が広がっているのが見えたのだろう。その広がりのなかで，解となる関数が見えてきて，その性質がとらえられるに違いない。

フレードホルムとヒルベルトの立場の違いを，有限次元の場合に限ってたとえてみると，次のようになるだろう。ヒルベルトは，フレードホルムの積分方程式で核 $K(x,t)$ を特に対称なもの，すなわち

$$K(x,t) = K(t,x)$$

をみたすものに限って研究を進めた。有限次元の場合には，このことは $A=(a_{ij})$ $(i,j=1,2,\cdots,n)$ を対称行列とし，n 元1次の連立方程式

$$\sum_{j=1}^{n} a_{ij}x_j = c_i \qquad (i=1,2,\cdots,n)$$

を解くことを意味する。フレードホルムの立場はこれをクラーメルの解法で解くことに対応している。このときは係数の行列式 $\varDelta$ が0でないときに限ってただ1つの解をもつ。

ヒルベルトの立場は，この場合，A の固有値 $\lambda_1, \lambda_2, \cdots, \lambda_s$ を用いると，上の連立方程式の解が固有値と固有空間への分解によって表わされることに注目したのである。すなわち A は対称行列だから，λ_i に対応する固有空間への射影作用素を P_i とすると，A は

$$A = \lambda_1 P_1 + \lambda_2 P_2 + \cdots + \lambda_s P_s \qquad (*)$$

と固有空間への直交分解として表わされる。このときベクトル $\boldsymbol{c}$ は，各固有空間へ射影することにより

$$\boldsymbol{c} = P_1\boldsymbol{c} + P_2\boldsymbol{c} + \cdots + P_s\boldsymbol{c} \qquad (**)$$

と表わされる。$(*)$ と $(**)$ を見比べて，連立方程式 $A\boldsymbol{x}=\boldsymbol{c}$ は，$\lambda_1 \neq 0$, $\lambda_2 \neq 0$, $\cdots$, $\lambda_s \neq 0$ のときに限り解をもち，その解 x は

$$\boldsymbol{x} = \frac{1}{\lambda_1}P_1\boldsymbol{c} + \frac{1}{\lambda_2}P_2\boldsymbol{c} + \cdots + \frac{1}{\lambda_s}P_s\boldsymbol{c}$$

となる。

与えられた連立方程式は，アルゴリズムにはよらず，対称行列を通してこうして線形作用素の固有空間への分解から解かれるのである。

ヒルベルトは，このように連立方程式と固有値との関係に注目し，フレードホルムの理論を見直したのである。そしてフレードホルムの積分方程式の理論を‘行列式’から解放し，無限次元の線形空間における線形作用素の固有値問題として，新しい解析学の方向をはっきりと指し示した。

3 ヒルベルトの『積分方程式』

ヒルベルトは，フレードホルムの積分方程式の研究を知って，代数と解析とが出会う驚くべき広がりが無限のなかにあることを直ちに感知したに違いない。ヒルベルトの積分方程式の研究は，このあと直ちに，たぶん1901年からはじめられ，一歩一歩着実に進められていくことになった。最初の研究成果が，1904年に「ゲッチンゲン学報」に発表されてから，これに続く研究報告は同じ年にもう1つ，さらにその後1905年に1つ，1906年に2つ，1910年に1つと，6つ載せられている。このヒルベルトの約10年にわたる集中した研究成果は，1912年に

『線形積分方程式の一般理論概要』

として公刊されたのである。ここに展開されている内容は，20世紀数学の新しい幕明けを告げるものとなった。

1900年に「数学の問題」と題する講演で20世紀数学の進むべき方向を指し示したヒルベルトが，この講演の1年後から，10年にわたり積分方程式の研究に没頭したことは，ヒルベルト自身が，なお厚い雲に蔽われていた20世紀数学の頂きを目指して道を切り拓いていくことを意味していた。

ヒルベルトがフレードホルムの考えを知ったとき，そこから直ちに感知したものはどのようなものであったのだろうか。積分方程式のなかに，古典的な代数が，実数の連続概念と結びあって，そこに包みこまれて新しく大きく展開する未開拓の原野が示されていると見たのかもしれない。**無限こそ数学を総合する場ではないのか。**そこには取り出して提示することもできない深い‘数学の問題’が，ヒルベルト自身に問いかけるように

現われてきたのである。

ヒルベルトの『線形積分方程式』は280頁を越す大著であり，この書に接した当時の数学界の反響はどのようなものであったかは知るすべもない。しかしこの書が出てからすでに1世紀以上たった。いまは古典として数学史のなかに位置づけられているこの書を，現代数学の立場に立って読むことは難しい。幸いこの『積分方程式』の冒頭に，6章からなるこの本の内容について，各章ごとの要約が載せられている。各章をA, B, …, Fと表わしているが，そのうちAとBに関する部分を適当に抜粋してみよう。そうすることでこの理論の提起がどれほど独創的なものであったか，また当時の数学界にこの書が与えた大きな衝撃を，その雰囲気だけでも感じとっていただければよいと思う(以下は『積分方程式論』からの抜粋)。

A. 無限変数の関数の理論

1 有界性の定義

無限変数の関数$F(x_1, x_2, x_3, \cdots)$が有界であるとは，$\sum x_p^2 \leqq 1$のとき，$F(x_1, x_2, \cdots, x_n, 0, 0, \cdots)$がつねにある定数$M$でおさえられていることである。特に

$$a_1x_1 + a_2x_2 + \cdots$$

は$a_1{}^2 + a_2{}^2 + \cdots +$が収束するとき有界である。双1次形式

$$\sum a_{p,q}x_p y_q$$

は

$$\left| \sum_{p,q=1,\cdots,n} a_{pq}x_p y_q \right|$$

にnによらない上界Mがあるとき有界である。

線形変換$y_p = \sum a_{pq}y_q$は，これに対応する双1次形式

$$\sum a_{pq}x_p y_q$$

が有界のとき，有界である。

2　合成写像

2つ，あるいはいくつかの有界な線形変換の合成は，ふたたび有界な線形変換となる。

3　直交変換

線形変換

$$y_p = \sum_q o_{pq} x_q$$

が

$$\sum_r o_{pr} o_{qr} = \begin{cases} 0, & p \neq q \\ 1, & p = q \end{cases} \qquad \sum_r o_{rp} o_{rq} = \begin{cases} 0, & p \neq q \\ 1, & p = q \end{cases}$$

のとき直交変換という。2つの1次形式

$$\sum_p a_p x_p, \qquad \sum_p b_p x_p$$

は

$$\sum_p a_p b_p = 0$$

のとき直交するという。無限個の1次形式は，その係数のつくるスキームが直交変換となっているとき，完全直交系という。

4　完全連続性

双1次形式

$$\sum a_{pq} x_p y_q$$

は,

$$\sum_{p,q} a_{pq}^2$$

が収束するとき完全連続という。

5　完全連続な形式の理論

すべての完全連続な双1次形式は，直交変換によって

$$k_1x_1^2+k_2x_2^2+\cdots,\qquad \lim_{n\to\infty} k_n = 0$$

と表わされる。

6　完全連続な線形方程式系

$$\sum_{p,q} a_{pq}x_p y_q$$

を完全連続な双1次形式とする。このとき方程式系

$$(1+a_{11})x_1+a_{12}x_2+a_{13}x_3+\cdots = a_1$$
$$a_{21}x_1+(1+a_{22})x_{22}+a_{23}x_3+\cdots = a_2$$
$$a_{31}x_1+a_{32}x_2+(1+a_{33})x_3+\cdots = a_3$$
$$\cdots\cdots$$

は，有限個の未知数に対する連立方程式系と本質的に同じ性質をもつ。すなわち $\sum_i a_i^2<+\infty$ をみたす $a_1, a_2, \cdots$ に対して，$\sum_i x_i^2$ が収束するようなただ1つの解 $x_1, x_2, \cdots$ をもつか，そうでない場合には $a_1=a_2=\cdots=0$ に対して有限個の1次独立な解をもつ。

（このあと**7**では有界な双1次形式の理論の概要が述べられている。）

B.　線形積分方程式の理論

ここでは区間 $a\leqq s\leqq b$ における完全正規直交系 $\boldsymbol{\Phi}_1(s), \boldsymbol{\Phi}_2(s), \cdots$ を最初に与える。これは次の性質をもつ関数系である：

$$\int_a^b \boldsymbol{\Phi}_p(s)\,\boldsymbol{\Phi}_q(s)\,ds = \begin{cases} 0 & (p \neq q) \\ 1 & (p = q) \end{cases} \qquad \text{（直交関係）}$$

$$\sum_p \left(\int_a^b u(s)\,\boldsymbol{\Phi}_p(s)\,ds \right)^2 = \int_a^b u(s)^2 ds \qquad \text{（完全性の条件）}$$

そしてこのあと，積分方程式

$$f(s) = \varphi(s) + \int_a^b K(s,t)\varphi(t)\,dt$$

で，

$$f(s) = \sum a_p \boldsymbol{\Phi}_p(s), \quad \varphi(s) = \sum x_p \boldsymbol{\Phi}_p(s), \quad K(s,t) = \sum a_{pq} \boldsymbol{\Phi}_p(s)\,\boldsymbol{\Phi}_q(s)$$

と展開し，これによって積分方程式を無限連立1次方程式系

$$\begin{cases} a_p = x_p + \sum_q a_{pq} x_q & p = 1, 2, \cdots \\ 0 = x_p + \sum_q a_{p'q} x_q & p \neq p' \end{cases}$$

に転換することが述べられている。

最後に『積分方程式』の残った4章に相当するC, D, E, Fのタイトルだけを記しておこう。

C.　常微分方程式への応用

D.　偏微分方程式への応用

E.　複素変数関数論への応用

F.　変分学，幾何学，流体力学，気体論への応用

ヒルベルトの眼には，数学が積分方程式を通して無限という豊かな沃野のなかで，数理物理学の彼方にまで広がっていくと見えたのかもしれない。

6章 ヒルベルト空間

20世紀になって数学だけではなく，物理の流れも急速に速くなり，この2つの分野は渦まくように走り出した。アインシュタインの相対性理論は，数学に微分幾何学の研究を深めさせることになったが，1920年代半ばに起きた量子力学創成期の謎めいた渦は，数学もいっしょに巻きこんでいった。17世紀にニュートン力学が微分積分を生んだように，この謎は数学にヒルベルト空間を生む契機を与えた。それは同時に，無限を包みこんだ数学の体系が確立したことを意味するものとなった。

ヒルベルト空間は，ヒルベルトの積分方程式から生まれた無限次元の線形空間がモデルになっているが，一方ではヒルベルトの公理主義からの強い影響もあった。概念は公理によって構成された数学の構造のなかで体系化され，そのはたらきが明確になってくるのである。この思想はノイマンによってヒルベルト空間を生むことになった。

ヒルベルト空間は，公理によって規定された無限次元の線形空間である。それは数学の体系のなかでは，まったく異なる2つの表現をとって具現化されてくる。その1つは粒子性の表現の場ともいうべき，2乗が収束する級数の空間であり，他の1つは波動性の表現の場ともいうべき，2乗可積の関数のつくる空間である。その背景にあるのは，数学にはたらく‘無限の自由性’である。数学は大きく姿をかえてきた。

1
ヒルベルト空間の誕生

1929年に，フォン・ノイマンは「エルミート型関数作用素の固有値理論」という85頁にもわたる長篇の論文を，当時もっとも権威ある数学誌 *Mathematische Annalen* に発表した。ノイマンは当時26歳，すでに20世紀数学を背負う大数学者として活躍していた。

20世紀数学がはじまって30年の歳月がたっていた。カントルの思想は，公理論的集合論や数学基礎論のなかに組み入れられ，また位相的な考えも多くの数学分野に取り入れられるようになってきた。1920年代から女性数学者エムミ・ネータの強い影響力もあって，抽象代数学も大きな流れとなってきた。群や環の代数学の考えも，新しい数学の1つの基盤をつくりはじめるようになってきていた。

1914年にはじまり，ヨーロッパを激しい渦のなかに巻きこんだ第1次世界大戦も1918年には終りを告げた。ヨーロッパに訪れた平和は同時に学問の交流を深め，そのなかで数学は新しい波を起こし，豊かな流れをつくりはじめていったのである。

ノイマンの論文は，このような激しく動きはじめた時代の渦中から生まれてきた。

ヒルベルトは，フレードホルムの積分方程式の理論のなかからアルゴリズムを取り除き，積分方程式を無限の未知数をもつ代数系として見ることを試みた。そこには2乗の和が収束する無限級数と，無限双1次形式の固有値の理論が中心にあった。

ノイマンの独創は，これをすべて無限次元空間の広がりのなかでとらえようとするところにあった。空間概念には広く大きな包容力がある。そのなかには代数的なものも，解析的なものも，幾何学的なものものもすべてとりこんでいくことができるだろう。ノイマンの構想のなかから，20 世紀数学における，無限の空間化がはじまったといってよいのかもしれない。そこには本質的に数学を総合していくようなはたらきがある。無限は，カントルの概念としての無限から解放され，自由に羽ばたき，自らを表現する場所を得たのである。カントルの「数学は自由である」という言葉は，**20 世紀数学では「無限は自由である」に置き換えられた**ようにみえる。

フォン・ノイマン

実際，ノイマンの立った場所は，まさにそこにあった。

これからノイマンの論文の冒頭におかれているヒルベルト空間の公理体系を，なるべくノイマンの表現に沿う形で述べていくことにしよう。ノイマンは 5 つの公理を A, B, C, D, E をみたす空間 H を提起した。ヒルベルト空間が誕生するのである。

ヒルベルト空間の公理系

A　H は線形空間である。

ここでは複素数体 $\boldsymbol{C}$ 上の線形空間を考える。すなわち H の要素を $\alpha f+\beta g$ $(f, g\in H)$ と表わしたとき，スカラー α と β は複素数である。

【定義1】 H の部分集合 M が部分空間であるとは，

$$f_1, f_2, \cdots, f_n \in M \Longrightarrow \alpha_1 f_1 + \alpha_2 f_2 + \cdots + \alpha_n f_n \in M$$

が成り立つことである。

【定義2】 $f_1, f_2, \cdots, f_n$ が1次独立とは，$\alpha_1 f_1 + \alpha_2 f_2 + \cdots + \alpha_n f_n = 0$ が成り立つのは $\alpha_1 = \alpha_2 = \cdots = \alpha_n = 0$ のときに限ることをいう。

B H のなかに内積が定義されており，これによって H のなかに距離が導入される。

すなわち，$f, g \in H$ に対し，複素数 (f, g) が対応して次の1から3までの性質をもつ。

1 $(\alpha f, g) = \alpha (f, g)$

2 $(f_1 + f_2, g) = (f_1, g) + (f_2, g)$

3 $(f, g) = \overline{(g, f)}$（右辺は (g, f) の共役複素数を表わす）

4 $(f, f) \geqq 0$ ここで等号が成り立つのは $f = 0$ のときに限る。

$\| f \| = (f, f)$ によってノルム（絶対値）が，また $\| f - g \|$ によって f と g の距離が定義される。

特に**1**と**3**から $(f, \alpha g) = \overline{(\alpha g, f)} = \bar{\alpha} \overline{(g, f)} = \bar{\alpha} (f, g)$ となる。このとき次の定理が成り立つ。

定理1 $|(f, g)| \leqq \| f \| \cdot \| g \|$

これを「シュワルツの不等式」という。

［証明］ λ, θ を実数するとき

$$\| f + \lambda e^{i\theta} g \|^2 = (f + \lambda e^{i\theta} g, f + \lambda e^{i\theta} g)$$

$$= \| f \|^2 + (f, \lambda e^{i\theta} g) + \overline{(f, \lambda e^{i\theta} g)} + \lambda^2 \| g \|^2 \quad (\textbf{2}, \textbf{3}\text{による})$$

$$= \| f \|^2 + 2\lambda \boldsymbol{R}(f, e^{i\theta} g) + \lambda^2 \| g \|^2 \geqq 0 \qquad (\boldsymbol{R}\text{は実数部分})$$

したがって λ について2次式とみると，判別式 $\leqq 0$，すなわち

$$|\boldsymbol{R}(f, e^{i\theta} g)| \leqq \| f \| \cdot \| g \|.$$

ここでθを(f,g)の偏角にとると左辺は$|\boldsymbol{R}e^{-i\theta}(f,g)|$となるが，これは$|(f,g)|$にほかならない。

定理 2　$\|\alpha f\|=|\alpha|\|f\|$，　$\|f+g\|\leqq\|f\|+\|g\|$.

［証明］　最初の式は明らかである。2 番目の式は

$$\|f+g\|^2=(f+g,f+g)=(f,f)+(g,g)+2\boldsymbol{R}(f,g)$$

定理 1 により，$|\boldsymbol{R}(f,g)|\leqq|(f,g)|\leqq\|f\|\|g\|$. したがって

$$\|f+g\|^2\leqq\|f\|^2+\|g\|^2+2\|f\|\|g\|=(\|f\|+\|g\|)^2.$$

【定義 3】　Hの 2 つの要素f,gは，$(f,g)=0$のとき直交しているという。2 つの部分空間M,Nに対し

$$f\in M,\quad g\in N\text{に対して，つねに}(f,g)=0$$

が成り立つとき，MとNは直交しているといい，$M\perp N$で表わす。

【定義 4】　定理 2 により，$\|f-g\|$は距離の性質をみたしている。したがってすべての集積点を含む集合を閉集合として定義することができる。また閉部分空間も定義できる。

ちょっとひといき　「距離の性質をみたす」とは，$f,g\in H$に対して，fとgの距離として

$$d(f,g)=\|f-g\|$$

とおくと，i）$d(f,g)\geqq0$；等号は$f=g$のときに限る。ii）$d(f,g)=d(g,f)$．iii）$d(f,h)\leqq d(f,g)+d(g,h)$が成り立つことである。したがってヒルベルト空間にはこの距離によって点列$\{f_n\}$$(n=1,2,\cdots)$が$f$に収束することを$\|f_n-f\|\longrightarrow0$ $(n\to\infty)$として定義することができる。

なお，いまとなってははっきりしないが，集合の上に距離を定義すればそこに距離空間という概念が生まれてくるという考えが数学者の間に少しずつ行き渡るようになったのは，1920 年前後のことでなかったかと想像される。

C　Hは距離$\|f-g\|$について可分である。すなわちいたるところ稠密な可算部分集合が存在する。

D　Hは，その個数がいくらでも大きい1次独立な要素を含んでいる。

E　Hは，距離空間として完備である。すなわちコーシー列$\{f_n\}$ $(n=1, 2, \cdots)$は必ず収束する。

ここでコーシー列とかいたのは

$$\| f_m - f_n \| \to 0 \qquad (m, n \to \infty)$$

をみたす点列のことである。

この公理A, B, C, D, Eをみたす集合を**ヒルベルト空間**という。ヒルベルト空間は線形空間であり，また完備な距離空間となっている。そのためヒルベルト空間の要素をベクトルとよんだほうがよいときもあるし，点とよんだほうがよいときもある。以下では適当に使うことにする。

公理を見直してみると，公理A, B, Eに述べられている線形性，内積，完備性は，もちろんn次元の複素ユークリッド空間$\boldsymbol{C}^n$のもつ基本的な性質である。公理Dは，有限次元のユークリッド空間の枠を越えて，無限次元の空間を考察しようとすることを示している。しかし無限次元といっても，無限集合には可算よりもはるかに高い濃度の集合もある。一度有限の枠を外すと，無限はどこまでも果てしない旅を続けていく。しかしヒルベルト空間の公理CとDは，有限次元の$\boldsymbol{C}^n$から，$n \to \infty$として近づいていける，可算無限の枠のなかにこの新しい空間概念を納めたことを意味している。

トピックス　ヒルベルト空間・相対性理論・量子力学…

ノイマンの公理によって取り出されたヒルベルト空間は，ヒルベルトが無限双 1 次形式という代数的な立場に立って見出した場を，完全に抽象的な空間の広がりとして開示したものである。ノイマンの提示したヒルベルト空間では，ユークリッド空間 $\boldsymbol{C}^n$ のなかにあった幾何学的な像は完全に消えている。かわってそこには無限がひとつの新しい場として提示されてきた。その上で数学が躍動していくことになったのである。ヒルベルトの晩年の述懐，「カントルが創ってくれた楽園からだれもわれわれを追い出すことはできない」でいうところの楽園が，ヒルベルト空間という花園を通して数学者の前にはっきりと広がってきたのである。

しかしヒルベルトが積分方程式に向けての新しい構想を最初に抱いてから，ノイマンの論文が現われるまで 30 年近くの歳月が流れている。この間にアインシュタインは 1905 年には特殊相対性理論を，1916 年には一般相対性理論を発表している。1925 年から 1926 年にかけては量子力学の基礎理論となるハイゼンベルクの行列力学と，シュレディンガーの波動力学が誕生している。19 世紀にはなかった大きな理念的な広がりが，数学と数理物理学の上に同時に広がってきたのである。

無限は，有限概念の対極にあるものではなく，しだいに抽象概念を具象化して示すような表現の場としての広がりをみせてきた。20 世紀数学が大きく開花する時期を迎えたのである。

2 完全正規直交基底

前節ではノイマンの論文にしたがって，ヒルベルト空間の要素を f, g

のように表わしたが，これからは有限次元の線形空間のときのように，a, b や x, y などで表わすことにしよう。

H をヒルベルト空間とする。

【定義】 H の可算個の要素 $\{e_1, e_2, \cdots, e_n, \cdots\}$ が次の性質をみたすとき，**完全正規直交基底**という。

（i） $\|e_n\|=1 \qquad (n=1, 2, \cdots)$

（ii） $(e_m, e_n)=0 \qquad (m \neq n)$

（iii） $x \in H$ が，すべての e_n に対して $(e_n, x)=0$ となるのは $x=0$ のときに限る。

（**注意**） 完全正規直交基底は，完全正規直交系（*a complete orthnormal system*）というほうが慣用であるが，ここでは有限次元の場合との対比もあり，基底という言葉を使った。

定理 （完全正規直交基底の存在） ヒルベルト空間 H には完全正規直交基底が存在する。

［**証明**］ 公理Dから，H には可算個の稠密な部分集合 S が存在する。S から適当に有限個の要素 $\{x_1, x_2, \cdots, x_n\}$ をとって

$$\alpha_1 x_1+\alpha_2 x_2+\cdots+\alpha_n x_n \qquad (\alpha_i \in \mathbf{C})$$

と表わされるような要素全体を $\tilde{S}$ とする。$\tilde{S} \supset S$ だから $\tilde{S}$ は稠密な H の部分空間になる。

$\tilde{S}$ のなかには，どんなに大きな自然数 N をとっても，1次独立な N 個の要素が存在する。もしそうでなければ，適当な自然数 N をとると，ある1次独立な $\{h_1, h_2, \cdots, h_N\}$ があって，$\tilde{S}$ のどの要素も $\alpha_1 h_1+\cdots+\alpha_N h_N$ と表わされることになる。このとき $\tilde{S}$ は $\boldsymbol{C}^N$ と同型になり，H もまた $\boldsymbol{C}^N$ と同型になり，公理Eに反することになる。

そこで $\tilde{S}$ のなかから，1次独立な要素の系列

$$\{g_1, g_2, \cdots, g_n, \cdots\}$$

をとる。この $g_1, g_2, \cdots, g_n, \cdots$ に対して，第4章1節で述べたグラム・シュミットの直交法を順次行なっていくと

$$\{e_1, e_2, \cdots, e_n, \cdots\}$$

という $\tilde{S}$ のなかの要素の列で

$$\| e_n \| = 1\,; \quad i \neq j \text{ のとき} (e_i, e_j) = 0 \qquad (i, j, n = 1, 2, \cdots)$$

をみたすものを構成していくことができる。

$\tilde{S}$ は H で稠密だったから，$\sum_{n=1}^{N} \alpha_n e_n$ と表わされる要素も H で稠密である。したがって，どんな $x \in H$ をとっても

$$x = \lim_{N \to \infty} \sum_{n=1}^{N} \alpha_n e_n = \sum_{n=1}^{\infty} \alpha_n e_n$$

と表わされ，$(x, e_n) = \alpha_n$ となり (iii) が成り立つことがわかる。したがって $\{e_1, e_2, \cdots, e_n, \cdots\}$ は完全正規直交基底となる。（証明終り）

いまヒルベルト空間 H に，正規直交基底 $\{e_1, e_2, \cdots, e_n, \cdots\}$ をとっておく。このとき H の要素 x は

$$x = \sum_{n=1}^{\infty} \alpha_n e_n, \qquad \alpha_n = (x, e_n)$$

と一意的に表わされる。このとき次の式が成り立つ。

$$\begin{aligned} \| x \|^2 = (x, x) &= \left(\sum_{m=1}^{\infty} \alpha_m e_m,\ \sum_{n=1}^{\infty} \alpha_n e_n \right) \\ &= \sum_{m,n=1}^{\infty} \alpha_m \overline{\alpha_n} (e_m, e_n) = \sum_{n=1}^{\infty} |\alpha_n|^2 (e_n, e_n) = \sum_{n=1}^{\infty} |\alpha_n|^2 \quad (*) \end{aligned}$$

また $y = \sum_{n=1}^{\infty} \beta_n e_n$ とすると

$$\begin{aligned} (x, y) &= \left(\sum_{m=1}^{\infty} \alpha_m e_m,\ \sum_{n=1}^{\infty} \beta_n e_n \right) = \sum_{m,n=1}^{\infty} \alpha_m \overline{\beta_n} (e_m, e_n) \\ &= \sum_{n=1}^{\infty} \alpha_n \overline{\beta_n}. \qquad (**) \end{aligned}$$

このことは，正規直交基底を，座標を与える基本ベクトルのようにみる

と，ノルムも内積も，その‘座標成分’$\{\alpha_1, \alpha_2, \cdots, \alpha_n, \cdots\}$によって表わされることを示している。

このとき(＊)から，$x=\sum \alpha_n e_n$ と表わしたとき

$$\sum |\alpha_n|^2 < +\infty$$

となっていることがわかる。また前節定理1のシュワルツの不等式は，$y=\sum_{n=1}^{\infty} \beta_n e_n$ とすると

$$\left|\sum_{n=1}^{\infty} \alpha_n \overline{\beta_n}\right| \leqq \sqrt{\sum_{n=1}^{\infty} \alpha_n{}^2} \sqrt{\sum_{n=1}^{\infty} \beta_n{}^2},$$

また定理2の$\| f+g \| \leqq \| f \| + \| g \|$は

$$\sqrt{\sum_{n=1}^{\infty} (\alpha_n+\beta_n)^2} \leqq \sqrt{\sum_{n=1}^{\infty} \alpha_n{}^2} + \sqrt{\sum_{n=1}^{\infty} \beta_n{}^2}$$

と表わされることになる。

逆に $\sum_{n=1}^{\infty} |\alpha_n|^2 < +\infty$ となる数列$\{\alpha_n\}$が最初に与えられているとすれば，$s_n = \sum_{i=1}^{n} \alpha_i e_i \in H$ で，$m>n$ のとき $s_m - s_n \in H$ で

$$\| s_m - s_n \|^2 = \sum_{i=n+1}^{m} |\alpha_i|^2 \longrightarrow 0$$

となり$\{s_n\}$ $(n=1, 2, \cdots)$はHのコーシー列となる。したがってHは完備だから，$\sum_{n=1}^{\infty} \alpha_n e_n \in H$ となる。

【l^2-空間の定義】 複素数列 $\{\alpha_n\}$ $(n=1, 2, \cdots)$で

$$\sum_{n=1}^{\infty} |\alpha_n|^2 < +\infty$$

の全体に，内積として

$$\left(\sum_{n=1}^{\infty} \alpha_n, \sum_{n=1}^{\infty} \beta_n\right) = \sum_{n=1}^{\infty} \alpha_n \overline{\beta_n}$$

を導入して得られるヒルベルト空間を **l^2-空間**という。

【定義】 2つのヒルベルト空間H, H'に対し，線形空間としての同型対応

$$\boldsymbol{\Phi} : H \longrightarrow H'$$

があって

$$(\boldsymbol{\Phi}(x), \boldsymbol{\Phi}(y)) = (x, y)$$

が成り立つとき，HとH'は同型であるという。

このとき，上に述べたことを見ると，ヒルベルト空間Hには定理から必ず完全正規基底が存在し，それを通してHはl^2-空間と同型になっている。したがって次の定理が成り立つ。

定理　どんなヒルベルト空間Hをとっても，Hはl^2-空間と同型である。

この定理は，複素数体$\boldsymbol{C}$上のn次元線形空間が，すべて$\boldsymbol{C}^n$と同型となるという定理に対応している。さらにl^2-空間では，$\boldsymbol{\alpha} = (\alpha_1, \alpha_2, \cdots)$に対してピタゴラスの定理の‘無限次元版’

$$\| \boldsymbol{\alpha} \|^2 = \sum_{n=1}^{\infty} {\alpha_n}^2$$

が成り立つ。その意味で，ヒルベルト空間を一般ユークリッド空間ということもある。

抽象的な公理体系のなかから，**無限次元の世界において，ユークリッド空間の一般化とみられるような空間的表象が浮かび上がってきた**ことは驚くべきことに思われる。

3
L^2-空間

数直線上の閉区間 $I=[a, b]$ を考える。I 上で定義されていて複素数の値をとる連続関数全体のつくる集合を $\tilde{C}[a, b]$ と表わす。$\tilde{C}[a, b] \ni f, g$ に対して $\alpha f+\beta g$ $(\alpha, \beta \in \boldsymbol{C})$ を対応させることにより，$\tilde{C}[a, b]$ には $\boldsymbol{C}$ 上の線形空間の構造が入る。

さらに，$f, g \in \tilde{C}[a, b]$ に対して内積 (f, g) を

$$(f, g) = \int_a^b f(x)\overline{g(x)}dx$$

と定義する。このときこの内積について，ヒルベルト空間の公理 A, B が成り立つことはすぐに確かめられる。このとき f と g との距離はノルム

$$\| f-g \| = \left(\int_a^b | f(x)-g(x) | dx\right)^{\frac{1}{2}}$$

で測られている。

さらに $\tilde{C}[a, b]$ は公理 C——可分性——をみたしている。

それは次の「ワイエルシュトラスの多項式近似定理」によって確かめることができる。

> **［多項式近似定理］**　数直線上の区間 $[a, b]$ で定義された複素数値の連続関数は，多項式として表わされた関数列によって一様に近似することができる。

このとき近似する多項式の係数としては，実数部分，虚数部分がともに有理数であるようなものをとってよい(有理数の稠密性)。このような多項式全体は可算集合をつくっている。上の多項式近似定理をこのような多項

式に限れば，可算個の多項式の集合 $\{P_1(x), P_2(x), \cdots\}$ があって，どんな連続関数 $f(x)$ をとっても，このなかから適当な系列 $P_{n_1}(x), P_{n_2}(x), \cdots, P_{n_k}(x), \cdots$ をとれば，$[a, b]$ 上で一様に

$$|P_{n_k}(x) - f(x)| \longrightarrow 0 \qquad (n \to \infty)$$

が成り立つ。このとき

$$\| P_{n_k} - f \|^2 = \int_a^b |P_{n_k}(x) - f(x)|^2 dx \longrightarrow 0 \qquad (n \to \infty)$$

が成り立つ。すなわち，$\{P_1, P_2, \cdots\}$ は $\tilde{C}[a, b]$ のなかで稠密である。このことは $\tilde{C}[a, b]$ は可分であることを示している。

これで $\tilde{C}[a, b]$ では，公理 A から公理 C までは成り立つことがわかった。

さらに $\tilde{C}[a, b]$ で公理 D が成り立つことは明らかである。実際 $\{1, x, x^2, \cdots, x^n\}$ は 1 次独立である。

しかし $\tilde{C}[a, b]$ では，公理 E——完備性——は成り立たない。たとえば下の図のような場合，$f_m(x)$ と $f_n(x)$ のグラフのつくる面積の差はいくらでも小さくなり，したがって $m, n \to \infty$ のとき

$$\| f_m - f_n \| \longrightarrow 0$$

であるが，(A)の場合は，$f_n(x)$ は不連続関数

$$g(x) = \begin{cases} 0, & a \leqq x < b \\ 1, & x = b \end{cases}$$

に近づき，(B)の場合は，$f_n(c) \longrightarrow \infty$ となっている。

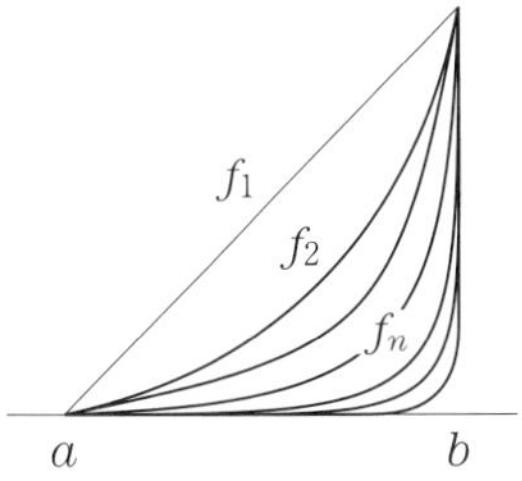

(A)

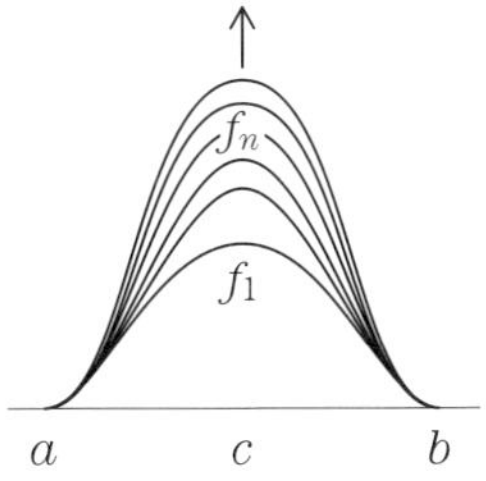

(B)

このことは，有理数が完備でないという状況に似ていると思われるかもしれない。たとえば $1, \frac{14}{10}, \frac{141}{100}, \frac{1412}{1000}, \cdots$ はコーシー列をつくっているが，これは有理数のなかでは収束する先はもたない。私たちはふつう数直線の描像を通してこの状況をとらえて，この近づく先は無理数 $\sqrt{2}$ であるという。そして有理数のコーシー列が1つの実数を決めるこのプロセスを，有理数を完備化するという。

しかしいまの場合，$\tilde{C}[a,b]$ のコーシー列 $\{f_n\}$，すなわち $\|f_m - f_n\| \longrightarrow 0 \quad (m, n \to \infty)$ が与えられたとき，もし $\{f_n\}$ が上の例(A)(B)のように，$\tilde{C}[a,b]$ のなかでは収束しないとき，それでもこれが‘ある関数’に収束しているといえるような状況を数学が創り出すことはできるのだろうか。例(A)のときには，$\{f_n\}$ の近づく先として不連続関数を加えておけばよいかもしれない。しかし例(B)のときは近づく先を関数概念のなかでとらえることはできるのだろうか。

ここにこのシリーズ第6巻の主題となったルベーグ積分の理論が登場して，本質的な役目を果たすことになる。ここで用いられるルベーグ積分論は次のようなことである。

（i） 区間 $[a,b]$ 上で，複素数の値をとる連続関数を含むルベーグ可測な関数という概念が存在する。ルベーグ可測な関数に対しては，積分することができ，この積分は関数列の極限とよく融和している。

（ii） ルベーグ可測な2つの関数は，測度0の集合を除いて等しい値をとるときは，ほとんどいたるところ等しいといって，同じ関数とみなすことにする。

（iii） 区間 $[a,b]$ 上で定義されている連続関数 $f(x)$ に対しては，ふつうの積分の値 $\int_a^b f(x)dx$ は，ルベーグ積分の値と一致している。

（iv） 区間 $[a,b]$ 上で定義されているルベーグ積分可能な関数 $f(x)$ で，$|f(x)|^2$ のルベーグ積分の値が有限なものを2乗可積な関数という。

2乗可積な関数全体のつくる空間を

$$L^2[a,b]$$

で表わす。

(v) $L^2[a,b]$のなかに内積をルベーグ積分を用いて

$$(f,g)=\int_a^b f(x)\overline{g(x)}dx$$

により導入する。この内積から導かれる距離

$$\|f-g\|=\left(\int_a^b |f(x)-g(x)|^2dx\right)^{\frac{1}{2}}$$

について，$L^2[a,b]$は完備な距離空間となり，$\tilde{C}[a,b]$はこのなかの稠密な部分空間となる(この証明については拙著『ルベーグ積分30講』(朝倉書店)参照)。

$\tilde{C}[a,b]$はヒルベルト空間の公理AからDまでをみたしていた。(v)により，$L^2[a,b]$は$\tilde{C}[a,b]$を稠密な部分空間として含み，さらに公理E――完備性――をみたしている。このことから次の定理が成り立つことがわかる。

定理 $L^2[a,b]$はヒルベルト空間である。

したがって前節の定理から，$L^2[a,b]$はl^2-空間と同型なヒルベルト空間となる。すなわち同型であることを記号≅で表わすと

$$L^2[a,b]\cong l^2$$

が成り立つ。

この関係は，**20世紀数学が30年の歳月を要して登りきった1つの山の頂き**を示すものである。ヒルベルト空間$L^2[a,b]$は，数直線上で定義された関数の集まりからなり，それは連続的な数学の世界を表現するも

のとなっている。$L^2[a,b]$ の上ではたらく数学は解析学である。一方，l^2-空間は数列のつくる空間であり，それは離散的な世界を映している。この空間を見る視点は代数的なものにおかれている。

しかしこの対極的なところにある**2つの数学の流れ，‘連続’と‘離散’，解析学と代数学は，ヒルベルト空間という構造の上で合流した**のである。両者がはっきりと手をつないだ。ここには，20世紀数学のなかから湧き上がってきた，概念に対する強い自覚と，それを支える存在としての無限の確立があった。

ヒルベルトは，無限変数の2次形式の理論を通して，積分方程式を1つの理論体系として完成させたが，そのときはルベーグ積分はまだ揺籃のなかにあった。ルベーグ積分は，個々の関数の積分に対するアルゴリズムを与えることはなかったが，数学という学問の体系の上に大きくはたらくアルゴリズムを与えたといってよいかもしれない。このアルゴリズムは無限を積極的にとりこんで，解析と代数とを大きな空間概念のなかに包みこんで，総合してしまった。**ヒルベルト空間は，新しい数学の出発点**であり，その先に広がる道を，天才ノイマンが歩みはじめたのである。

トピックス　**量子力学とヒルベルト空間の予定調和**

1900年初頭から，原子内部の構造に物理学者の関心が集まるようになってきた。原子の内部から発せられる光に対して，1905年にアインシュタインが光の粒子性に注目し，光量子の考えを導入した（光電効果の発見）。光の粒子性は1923年に発見されたコンプトン効果という現象をよく説明したが，一方，光の粒子説では干渉の事実を説明することはできなかった。これは光を波動と考えはじめて解析できることである。1920年代前半，物理学者は現象に応じて態度をかえるという苦しい対応に迫られていた。

このことは，朝永振一郎氏の名著『量子力学』（東西出版社）にもよく現れている。

「この(光の)二重性をどう解決するかは後に1926—27年のころにやっと明らかになったのであって，それまでの間，あるときは光を波と考えまたあるときはそれを粒子と考え，場合場合に応じてその態度を変えるという苦しい方法をつづけてきた。Bornの言葉をもじっていうと，〈この期間中物理学者は月水金の三日間は光が波動であると考え，火木土の三日間は光が粒子であると考えた〉のである。

光は干渉や回折を示すという点で波動と考えなければならないのに，一方では光電効果やCompton効果や，あるいは光化学現象において粒子のような振舞いをするということをわれわれは知っている。それならば，電子もいままで粒子と考えられ，それは疑う余地のないこととして人々を受け入れられてきたことだが，この電子がある種の現象において波動と考えなければならぬようなことはないであろうか。ひとつのものがこの2つの性質をもつということをどう解決するかは後の問題として，電子を波動と考えてうまく説明のつく現象がひろく存在し，それに対して波動的な表象の上に電子の波動論を展開することができれば，それは光に対する古典的なMaxwellの理論と同じ程度に多くの収穫をもたらすにちがいない。

粒子の流れであると表象されていたものを波動の伝播であると考えなおすことがあながち不可能でないことは，この流れの運動を定める力学の法則と，光の伝わりに関する幾何光学の法則がきわめて似た形をしていることから暗示される。」

量子力学の最初の理論構成は1925年に,「マトリックス(行列)力学」とよばれる形でハイゼンベルクによって提示された。これはボアーの対応原理によるものであり，原子系における量子的な遷移の1つ1つに注目するものであった。

一方，この翌年の1926年にシュレディンガーは，ド・ブローイによる電子の波動性に注目し，量子力学の基礎方程式として,「シュレディンガ一の波動方程式」を提示した。この波動方程式は，虚数 i を含む2階の偏微分方程式である。

マトリックス力学は，無限行列を用いて表現され，波動方程式は偏微分方程式として提示されている。一方は離散的な表現であり，他方は連続的な表現である。この対照的な量子力学の数学的表現が，同じ量子現象を説明する理由は何か。物理学者は，現象によって，この2つのどちらかを用いて量子力学の解析をはじめることになったのである。

これについてノイマンは1932年に出版した著書『量子力学の数学的基礎』(邦訳はみすず書房)ではじめて，マトリックス力学と波動方程式が，量子力学の数学的基礎理論として併立することを明らかにした。

ノイマンはこの書の序文で次のように述べている。

> 「もしこれらの，現在の解析学のわくにはまらない概念構成が，新しい物理学の理論にとって真に本質的なものであれば，それは何等反対すべきものではなかろう。ちょうどニュートン力学が当時の形態では明らかに自己矛盾していた無限小解析の発生を間もなくうながしたように，量子力学もわれわれの"無限に多くの変数の解析学"が新しく建設されることを示唆しているのではなかろうか——すなわち物理的理論でなく，数学的手段が変更されなければならないのではなかろうか。けれどもそれは全く事実からはずれている。むしろ変換理論が，明確かつ統一的なやり方で，しかも数学的にも不備なく基礎づけることができることこそ注目すべきであろう。その際，次のことが強調されねばならない。正しい構成は，Dirac の方法を数学的に精密化し明確にすることによって行なわれるのではなく，それはもともと異なった手続き，すなわち Hilbert による作用素のスペクトル理論に依存することを要請する。」

そしてノイマンは，ヒルベルト空間には，離散的な表現と，連続的な表現を許容する同型対応 $l^2 \cong L^2[a, b]$ があることに注目した。この対応を通してヒルベルト空間上の作用素を，それぞれの空間の上で表現すれば，マトリックス力学は l^2-空間における作用素の表現に対応し，シュレディンガー方程式は関数空間上での，‘同じ作用素’の異なる表現であることを示した。そしてそれをヒルベルト空間上の作用素のスペクトル理論として統一したのである。

20 世紀になって，物理学者は無限小の世界ともいうべき原子のなかで起きる量子現象に注目し，数学者は無限を数学の自由な表現の世界とみるようになった。この 2 つが交叉したということは，何か大きな予定調和というべきものがあったのだろうか。

7章

線形汎関数と線形作用素

ヒルベルト空間は，内積の与えられている完備な線形空間である。ここで内積は写像と深い関係をもっている。実際ヒルベルト空間の上で定義されている複素数の上への連続な線形写像——線形汎関数——$\varphi(\boldsymbol{x})$は，適当な$\boldsymbol{a}$をとると，内積によって$\varphi(\boldsymbol{x})=(\boldsymbol{x},\boldsymbol{a})$と表わされるのである。内積はもともと長さとか，角に関係するものであったが，さらに線形写像とも関係するようになった。このような視点の広がりは，数学が抽象数字へと踏み出してはじめて得られたものである。

ヒルベルト空間の理論は，ヒルベルト空間からヒルベルト空間への線形作用素の研究が中心になる。それは無限次元の空間の相互のはたらきを関連づけるものであり，作用素の性質を調べるには，本質的に作用素自身の無限の分解という考えが必要になる。そこにはヒルベルト空間自身が，無限に連続的に分解していく姿が現われてくるのである。それは，作用素の連続スペクトル分解として表わされる。

ヒルベルトが，フレードホルムの理論から触発して研究したヒルベルト空間上の作用素は，完全連続という性質をもつ作用素として定式化されている。この作用素は離散的な固有空間に分解されて表わされるのである。

1 部分空間，射影作用素

ヒルベルト空間Hの部分集合Eが

(1)　$x, y \in E \Longrightarrow \alpha x + \beta y \in E \quad (\alpha, \beta \in \boldsymbol{C})$

(2)　$x_n \in E\ (n=1, 2, \cdots)$，$x_n \to x_0\ (n \to \infty) \Longrightarrow x_0 \in E$

をみたすとき，EをHの部分空間という。

条件(1)は，ヒルベルト空間Hを線形空間とみたとき，Eは線形部分空間となっていることを示し，(2)はHをノルムを通して距離空間とみたとき，Eは閉集合となっていることを示している。

部分空間Eのなかに1次独立な要素が有限個しかないときは，EはHのなかの有限次元の部分空間となる。Eのなかに1次独立な要素が無限個あるときは，E自身がヒルベルト空間になる。それは可分な距離空間の部分空間は可分であることと，完備な距離空間の閉集合は完備であることからわかる。

Hの部分空間Eが与えられたとしよう。このときEのすべての要素と直交するような要素全体の集合を$E^{\perp}$とかいて，$E^{\perp}$をEの**直交補空間**という：

$$E^{\perp} = \{\, y \mid (y, a) = 0,\ a \in E \}.$$

$E^{\perp}$はHの部分空間である。

いまEをHの部分空間としよう。このときEは有限次元か，またはヒルベルト空間となるから，Eには完全正規直交基底が存在する。Eがヒルベルト空間の場合だけ考えよう。

Eの完全正規直交基底 $\{\tilde{e}_1, \tilde{e}_2, \cdots, \tilde{e}_n, \cdots\}$ をとると，Eの要素aは

$$a = \sum_{n=1}^{\infty} (a, \tilde{e}_n)\tilde{e}_n$$

と表わされる。そして$E^{\perp}$の要素は，すべての$\tilde{e}_n$に直交している要素として特性づけられる。すなわち

$$E^{\perp} = \{ y \mid (y, \tilde{e}_n) = 0,\ \ n = 1, 2, \cdots\}$$

である。

最初に$a \in H$が与えられたとする。このときEの基底を使って

$$(a, \tilde{e}_1)\tilde{e}_1 + (a, \tilde{e}_2)\tilde{e}_2 + \cdots + (a, \tilde{e}_n)\tilde{e}_n + \cdots$$

と表わされる要素をxとおくと，$x \in E$で

$$(x, \tilde{e}_n) = \left(\sum_{i=1}^{\infty} (a, \tilde{e}_i)\tilde{e}_i, \tilde{e}_n \right) = \sum_{i=1}^{\infty} (a, \tilde{e}_i)\,(\tilde{e}_i, \tilde{e}_n)$$

$$= (a, \tilde{e}_n) \qquad\qquad \text{(正規直交性)}$$

となる。したがって

$$y = a - x$$

とおくと，$(y, \tilde{e}_n) = (a, \tilde{e}_n) - (x, \tilde{e}_n) = (a, \tilde{e}_n) - (a, \tilde{e}_n) = 0$ $(n = 1, 2, \cdots)$となる。これから

$$y \in E^{\perp}$$

のことがわかった。すなわち，$a \in H$は

$$a = x + y, \qquad x \in E, \quad y \in E^{\perp} \qquad\qquad (*)$$

と表わされる。

$a \in H$に対し，$(*)$のような表わし方は一通りである。なぜなら$a = x + y = x_1 + y_1$とすると$x - x_1 = y_1 - y \in E \cap E^{\perp} = \{0\}$となり$x = x_1$, $y = y_1$となるからである。

これを

$$H = E \oplus E^{\perp}$$

と表わし，HのEによる**直交分解**という。この直交分解にしたがってHの要素aを$a = x + y$と表わしたとき，aからEへの線形写像を，Eへの

射影作用素という。射影作用素をPとすると，

$$Pa = x$$

であり，このとき$\| a \| \geqq \| Pa \|$が成り立っている。それは(＊)から

$$\| a \|^2 = (x+y, x+y) = \| x \|^2 + (x, y) + (y, x) + \| y \|^2$$
$$= \| x \|^2 + \| y \|^2 \geqq \| x \|^2 = \| Pa \|^2$$

となることからわかる。

2 線形汎関数

ヒルベルト空間Hから複素数$\boldsymbol{C}$への写像φで，線形性

$$\varphi(\alpha x + \beta y) = \alpha\varphi(x) + \beta\varphi(y) \qquad (x, y \in H, \quad \alpha, \beta \in \boldsymbol{C})$$

をみたすものを考える。

このとき次の2つの性質は，同値な性質である。

（Ⅰ） φはHから$\boldsymbol{C}$への連続な写像である。すなわち

$$x_n \to x_0 \Longrightarrow \varphi(x_n) \to \varphi(x_0).$$

（Ⅱ） ある正数Mがあって，すべての$x \in H$に対して

$$| \varphi(x) | \leqq M \| x \|$$

が成り立つ。これを**有界性**という。

［**証明**］ （Ⅰ）⇒（Ⅱ）：背理法で示す。φが有界でないとしよう。そうするとどんな自然数nをとっても

$$| \varphi(x_n) | \geqq n \| x_n \| \qquad (＊)$$

となるようなx_n $(n=1, 2, \cdots)$が存在することになる。そこで

$$u_n = \frac{1}{n\|x_n\|} x_n$$

とおくと，$\|u_n\| = \dfrac{1}{n}$ であり，したがって $n \to \infty$ のとき $u_n \to 0$ である。φ の連続性から

$$\varphi(u_n) \longrightarrow 0 \quad (n \to \infty)$$

となる。一方

$$\begin{aligned} |\varphi(u_n)| &= \left|\varphi\left(\frac{1}{n\|x_n\|} x_n\right)\right| \\ &= \frac{1}{n\|x_n\|} |\varphi(x_n)| \geqq \frac{1}{n\|x_n\|} n\|x_n\| \qquad ((*)\text{による}) \\ &= 1 \end{aligned}$$

となって，矛盾が生じた。背理法によりこれで(Ⅰ)→(Ⅱ)が示された。

(Ⅱ)⇒(Ⅰ)：これは(Ⅱ)を仮定すると，$x_n \to x_0$ のとき

$$|\varphi(x_n) - \varphi(x_0)| \leqq M\|x_n - x_0\| \longrightarrow 0 \qquad (n \to \infty)$$

が成り立つことから明らかである。　　　　　　　　　　（証明終り）

同値な条件(Ⅰ)，(Ⅱ)をみたす線形写像を，これから H の**線形汎関係**(linear functional)という。次の定理は「リースの定理」とよばれて，ヒルベルト空間における1つの基本定理となっている。

> **［リースの定理］**　線形汎関数 $\varphi(x)$ は，適当な a をとると内積によって
>
> $$\varphi(x) = (x, a)$$
>
> と表わされる。a は φ によって一意的に決まる。

［証明］　$\varphi(x)$ がつねに0ならば，定理に述べてある a としては，$a=0$ をとるとよい。そこでそうでない場合だけを考えることにしよう。

$$E = \{x \mid \varphi(x) = 0\}$$

とおく。$x, y \in E$ ならば $\varphi(\alpha x + \beta y) = \alpha\varphi(x) + \beta\varphi(y) = 0$ だから，$\alpha x + \beta y \in$

E となる。また φ は連続だから，E は閉部分空間をつくっていることがわかる。

そこで H を

$$H = E \oplus E^{\perp}$$

と直交分解する。まず E の定義をみると，$E^{\perp}$ から $z(\neq 0)$ をとると，必ず $\varphi(z) \neq 0$ となっていることがわかる。

実は

$$\dim E^{\perp} = 1 \qquad (*)$$

である。このことは次のようにしてわかる。$z_1, z_2 \in E^{\perp}$ で $z_1 \neq 0$, $z_2 \neq 0$ とすると，$\varphi(z_1) \neq 0$, $\varphi(z_2) \neq 0$ だから，適当な γ をとると $\varphi(z_1) = \gamma\varphi(z_2)$ となる。このとき $\varphi(z_1 - \gamma z_2) = 0$ となり，したがって $z_1 - \gamma z_2 \in E$. したがって $E \cap E^{\perp} = \{0\}$ により，$z_1 - \gamma z_2 = 0$, $z_1 = \gamma z_2$ となる。

特に z_2 として，$E^{\perp}$ の 0 でない 1 つの要素 e をとっておくと，$E^{\perp}$ の z はすべて

$$z = \lambda e \qquad (\lambda \in \boldsymbol{C}) \qquad (**)$$

と表わされることになる。これで $E^{\perp}$ は 1 次元となり，$(*)$ が成り立つことがわかった。

そこで複素数 μ を

$$\bar{\mu} = \frac{\varphi(e)}{(e, e)}$$

が成り立つようにとると

$$\varphi(e) = (e, \mu e)$$

となる。ここで

$$a = \mu e$$

とおくと，$z \in E^{\perp}, z = \lambda e$ に対して

$$\varphi(z) = \varphi(\lambda e) = \lambda\varphi(e) = \lambda(e, \mu e)$$
$$= (\lambda e, a) = (z, a)$$

となる。この場合，$\varphi(z)$は内積の値となっている。

一般の $x \in H$ に対しては，

$$x = y+z, \quad y \in E, \quad z \in E^{\perp}$$

と表わし，$a=\mu e \in E^{\perp}$ に注意すると $(y, a)=0$ であり，

$$\varphi(x) = \varphi(y)+\varphi(z) = \varphi(z) = (z, a)$$
$$= (y+z, a) = (x, a)$$

となる。すなわち $\varphi(x)$は内積として表わされた。これで「リースの定理」が証明された。　（証明終り）

このリースの定理を，$L^2[a, b]$に適用してみよう。このとき線形汎関数は，$f \in L^2[a, b]$に対して複素数値を対応させる連続な線形写像 $\boldsymbol{\Phi}$ となる：

$$\boldsymbol{\Phi}(\alpha f+\beta g) = \alpha\boldsymbol{\Phi}(f)+\beta\boldsymbol{\Phi}(g).$$

「リースの定理」によれば，この $\boldsymbol{\Phi}(f)$は適当な $\varphi(x) \in L^2[a, b]$によって必ず

$$\boldsymbol{\Phi}(f) = \int_a^b f(x)\overline{\varphi(x)}dx$$

と表わされるのである。

この結果はさらに一般にすれば，測度空間上の 2 乗可積でルベーグ可測な関数に対しても同様なことが成り立つことになる。この事実を，解析学のなかだけで見出すことはできただろうか。

私たちはすでに，数学の新しい広がりのなかを歩み出していることになるのである。

3
線形作用素

ヒルベルト空間 H の線形作用素とは，H から H への写像 T で

$$T(\alpha x+\beta y)=\alpha T(x)+\beta T(y) \qquad (\alpha, \beta \in \boldsymbol{C})$$

をみたすものである。線形作用素 T で，ある正数 M があって，すべての x に対して

$$\| Tx \| \leqq M \| x \|$$

が成り立つとき，T を**有界な作用素**という。

また，$x_n \to x_0$ のとき，つねに $Tx_n \longrightarrow Tx_0$ が成り立つとき，T を連続な作用素という。

実はこの 2 つは同じ性質を述べている。すなわち

線形作用素 T が有界であることと，連続であることは同値である。

［**証明**］ 有界性⇒連続性：$\| Tx \| \leqq M \| x \|$ が成り立っていれば $x_n \to x_0$ のとき，$\| Tx_n - Tx_0 \| \leqq M \| x_n - x_0 \| \longrightarrow 0$ $(n \to \infty)$ が成り立ち，T は連続である。

連続性⇒有界性：T は連続とする。このとき T が有界でないと仮定すると矛盾が生ずることをみよう。有界でなければ，$n=1, 2, \cdots$ に対して

$$\| Tx_n \| > n^2 \| x_n \|$$

をみたす x_n $(n=1, 2, \cdots)$ が存在する。この式の両辺を $n \| x_n \|$ でわり，

$$y_n = \frac{1}{n \| x_n \|} x_n$$

とおくと

$$\| Ty_n \| > n, \qquad n=1,2,\cdots \qquad (*)$$

一方，$\| y_n \| = \dfrac{1}{n}$ から $y_n \to 0$ $(n \to \infty)$ であり，T の連続性から $Ty_n \to 0$ となる。これは(＊)に矛盾する。したがって T は有界でなくてはならない。（証明終り）

ヒルベルト空間 H 上で定義されている有界な線形作用素の集合には，

$$A+B, \qquad \alpha A$$

という線形の構造が入る。さらに2つの線形作用素 A, B に対して，積 AB を $AB(x)=A(Bx)$ として導入することができる。

【定義】 有界な作用素 A に対し，

$$\| Ax \| \leqq M \| x \|$$

をみたすような M の下限の値を $\| A \|$ とおき，$\| A \|$ を A のノルムという。

$\| A \| \geqq 0$ は明らかであるが，ここで等号は $A=0$ のときに限る。なぜなら，もし $A \neq 0$ とすると，ある x_0 で $Ax_0 \neq 0$ となるものがある。このとき $\| Ax_0 \| = k$ とおくと，$k \neq 0$ で

$$\| A \| \cdot \| x_0 \| \geqq \| Ax_0 \| = \frac{k}{\| x_0 \|} \| x_0 \|$$

したがって $\| A \| \geqq \dfrac{k}{\| x_0 \|} > 0$ となることからわかる。

有界作用素のノルムについては次のことが成り立つ。

(i) 恒等作用素 I に対しては $\| I \| = 1$.

(ii) $\| \alpha A \| = | \alpha | \| A \|$

(iii) $\| A+B \| \leqq \| A \| + \| B \|$

(iv) $\| AB \| \leqq \| A \| \| B \|$

(iv)については次の不等式からわかる。

$$\| ABx \| \leqq \| A \| \| Bx \| \leqq \| A \| \| Bx \| \leqq \| A \| \| B \| \| x \|.$$

ちょっとひといき こうしてヒルベルト空間上の有界作用素全体に線形の構造や，乗法の構造が入り，さらにノルムまで導入された。ノルムによって2つの有界作用素A, Bの距離を$\|A-B\|$で測れるようになった。実際はこれによって，有界な作用素は完備な距離空間をつくっている。ヒルベルト空間の上に，さらに新しい構造をもった空間が積み上げられてくるのである。概念はひとつの場所にじっと止まっているものではなく，そこからさらに新しい概念を創造していく力を内蔵しているようである。このことをブルバキは，数学を‘建築術’にたとえたのかもしれない。

これから有界作用素に対して，いくつかの概念を導入しておこう。

（Ⅰ） 随伴作用素

有界作用素Aに対して

$$(Ax, y) = (x, A^*y) \qquad (*)$$

の関係をみたす作用素A^*を，Aの**随伴作用素**という。

随伴作用素は**共役作用素**ともいう(英語では adjoint operator である)。

この定義にしたがって，Aが与えられたとき，有界作用素A^*がただ1つ決まることを，次の(ⅰ)，(ⅱ)によって示そう。

(ⅰ) $(*)$によって，yが与えられたときA^*yがただ1つ決まること

この証明には前節に述べた線形汎関数についての「リースの定理」を使う。

$y \in H$を1つとって，ひとまずこれを固定して

$$\varphi_y(x) = (Ax, y) \qquad (*)$$

とおく。内積の性質から，$\varphi_y(x)$はxについて線形であるが，さらに「シュワルツの不等式」によって

$$|\varphi_y(x)| = |(Ax, y)| \leqq \|Ax\|\|y\|$$

となる。これから

$$|\varphi_y(x)| \leqq \|A\|\|x\|\|y\| = (\|A\|\|y\|)\|x\|$$

となり，φ_y は線形汎関数となり，したがって「リースの定理」から

$$\varphi_y(x) = (x, y^*)$$

となる y^* がただ1つ決まる。

すなわちすべての x に対し，y を1つ決めると

$$(Ax, y) = (x, y^*)$$

をみたす y^* が1つ決まる。

したがって

$$A^*y = y^*$$

とおくと，(＊)をみたす対応 A^* が一意的に決まることがわかった。

（ⅱ） A^* が有界作用素のこと

A^* が線形作用素のことは，下の2式の右辺を見くらべてみるとわかる。

$$(Ax, \alpha y_1+\beta y_2) = (x, A^*(\alpha y_1+\beta y_2))$$

$$\begin{aligned}(Ax, \alpha y_1+\beta y_2) &= \bar{\alpha}(Ax, y_1)+\bar{\beta}(Ax, y_2)\\ &= \bar{\alpha}(x, A^*y_1)+\bar{\beta}(x, A^*y_2)\\ &= (x, \alpha A^*y_1+\beta A^*y_2)\end{aligned}$$

A^* が有界のことは

$$\begin{aligned}\|A^*y\|^2 = (A^*y, A^*y) &= (AA^*y, y)\\ &\leqq \|A(A^*y)\|\|y\| \qquad \text{（シュワルツの不等式）}\\ &\leqq \|A\|\|A^*y\|\|y\|.\end{aligned}$$

これから $\|A^*y\| \leqq \|A\|\|y\|$. すなわち $\|A^*\| \leqq \|A\|$ となって，A^* は有界である。

［随伴作用素の性質］

$$(A^*)^* = A, \qquad \|A\| = \|A^*\|$$
$$(\alpha A+\beta B)^* = \bar{\alpha}A^*+\bar{\beta}B^*, \qquad (AB)^* = B^*A^*$$

$(A^*)^*=A$ は，A と A^* が内積に関して対称の関係にあることから，この関係を上に示した $\|A^*\| \leqq \|A\|$ に適用すると $\|A\|=\|(A^*)^*\| \leqq \|A^*\|$ となり，これから $\|A\|=\|A^*\|$ がわかる。あとの性質は明らかだろう。

(Ⅱ) 自己共役作用素

有界作用素Sが$S=S^*$をみたすとき，Sを**自己共役作用素**という。

このとき内積(Sx, x)はつねに実数となる。なぜなら$(Sx, x)=(x, Sx)=\overline{(Sx, x)}$が成り立つからである。

(Ⅲ) 射影作用素

射影作用素Pの線形写像としての特性づけは，次の2つで与えられる。

$$P^2=P, \qquad P=P^*$$

Pを閉部分空間Eへの射影作用素とする。PによるHの直交分解を$H=E\oplus E^{\perp}$とし，この分解にしたがって$x\in H$を$x=x_1+x_2$と表わすと，$Px=x_1$, $P^2x=Px_1=x_1$となり，$P^2=P$が成り立つ。また$y\in H$も$y=y_1+y_2$と直交成分に分解しておくと，$(x_1, y_2)=0$だから

$$\begin{aligned}(Px, y) &= (x_1, y_1+y_2) = (x_1, y_1)\\ &= (x_1+x_2, y_1) = (x, Py)\end{aligned}$$

となり$P=P^*$が得られる。

同様の議論で，上の条件が成り立てば，$P(H)=E$とおくと，PはEへの射影作用素であることがわかる。

(Ⅳ) 有界作用素のつくる線形空間と完備性

ヒルベルト空間Hの上で定義された有界線形作用素A, Bに対してαA

$+\beta B$ $(\alpha, \beta \in \boldsymbol{C})$ もまた有界作用素となり，したがって有界作用素全体は $\boldsymbol{C}$ 上の線形空間をつくる。

またノルム $\|A\|$ によって，2つの有界作用素 A, B の距離を

$$\|A-B\|$$

で与えておくと，この距離に関して有界作用素の空間は完備な距離空間となっている。すなわち，有界作用素の系列 $\{A_n\}$ $(n=1, 2, \cdots)$ が，

$$\|A_m-A_n\| \longrightarrow 0 \qquad (m, n \to \infty) \qquad (*)$$

をみたしていれば，必ずある有界作用素 A があって

$$\lim_{n\to\infty} A_n = A$$

となる。このことは条件$(*)$から，$x \in H$ に対し

$$\{A_1x,\ A_2x,\ \cdots, A_nx,\ \cdots\}$$

がコーシー列の条件

$$\|A_mx-A_nx\| \leqq \|A_m-A_n\|\|x\| \longrightarrow 0 \quad (m, n \to \infty)$$

をみたしていることからわかる。$Ax=\lim_{n\to\infty} A_nx$ とおくと $\lim_{n\to\infty} A_n=A$ となるのである。

トピックス　数学の体系が構成的に新しい数学を創り出す

線形作用素の全体は，こうして完備な線形空間となったが，さらにここにはヒルベルト空間のもたなかった新しい構造も付与されたことを注意しておこう。それは2つの作用素 A, B に対して，合成写像を通して

$$(AB)(x) = A(Bx)$$

として積 AB を定義することができることである。ここで一般に $AB \neq BA$ である。さらに $A \to A^*$ という対応もある。

数学ではこのように加法と乗法が定義されている集合を‘環(かん)’という。ヒルベルト空間の有界作用素の全体は環をつくるのである。

これをヒルベルト空間上の作用素環という。抽象数学はブルバキのいう

ように，次々と建築物のように構造をつみ上げていく。このように数学の体系が，自ら内部にある性質によって，構成的に新しい数学を創り出すということは，20 世紀になってはじめて数学者が自覚したことであった。

作用素環の深い研究は，1936 年以後，ノイマンにより独力で積極的に進められた。ここでは‘連続次元’のような概念もあり，作用素の演算の奥にある無限の世界がどこまでも広がっていくのである。

4 固有値問題

ヒルベルト空間の理論の中心となるのは，**作用素の固有値問題**，特に**自己共役作用素の固有値問題**である。しかしこの理論の詳細をここで述べることは本書で予定していた範囲を超えている。ここではその概要だけを述べるにとどめることにしよう。

第 1 部第 4 章で，有限次元の場合，対称行列の固有値と，それによる線形空間 V の固有空間の分解を述べた。「ヒルベルト空間における固有値問題」との対比もあるので，「有限次元の場合の対称行列の固有値問題」について，その大要をもう一度思い起こしておこう。

［有限次元の対称行列における固有値問題：要約］

n 次元線形空間 V の線形写像 T が

$$(T\boldsymbol{x}, \boldsymbol{y}) = (\boldsymbol{x}, T\boldsymbol{y})$$

をみたすとき，T を対称作用素という。T に対し，ある λ をとると，

$$T\boldsymbol{x} = \lambda\boldsymbol{x} \qquad (*)$$

をみたす $x \neq 0$ が存在するとき，λ を T の固有値といって，$\boldsymbol{x}$ を固有ベク

トルという。(＊)をみたす $\boldsymbol{x}$ の全体は V の部分空間 $\boldsymbol{E}_\lambda$ をつくる。$\boldsymbol{E}_\lambda$ を固有値 $\boldsymbol{\lambda}$ に対する固有空間という。このとき固有値はすべて実数であって，異なる固有値を $\boldsymbol{\lambda}_1, \boldsymbol{\lambda}_2, \cdots, \boldsymbol{\lambda}_s$ とすると，V は固有空間の和として

$$V = \boldsymbol{E}_{\lambda_1} \oplus \boldsymbol{E}_{\lambda_2} \oplus \cdots \oplus \boldsymbol{E}_{\lambda_s}$$

と表わされる。ここで固有値を求めるには，固有方程式とよばれる

$$\det(\lambda I - T) = 0$$

という $\boldsymbol{\lambda}$ について n 次の代数方程式を解いて，その根を求めるとよい。

(注意) T が対称作用素のとき，この根がすべて実数となることは，T を行列 (a_{ig}) で表わせば，T は $\boldsymbol{C}^n$ にもはたらく。T はこのとき複素ベクトル $\boldsymbol{x}, \boldsymbol{y}$ に対しても $(T\boldsymbol{x}, \boldsymbol{y}) = (\boldsymbol{x}, T\boldsymbol{y}) = \sum_{i,j} a_{ij} x_i \overline{y_j}$ となり，自己共役作用素としてはたらく。特に固有値 $\boldsymbol{\lambda}$ と固有ベクトル $\boldsymbol{x}$ に対しては，$(\lambda\boldsymbol{x}, \boldsymbol{x}) = (\boldsymbol{x}, \lambda\boldsymbol{x})$，すなわち $\lambda(\boldsymbol{x}, \boldsymbol{x}) = \bar{\lambda}(\boldsymbol{x}, \boldsymbol{x})$ となり，$\boldsymbol{\lambda}$ は実数となる。

[ヒルベルト空間の自己共役作用素：要約]

無限次元になると行列式は消え，有限次元におけるこの固有方程式と固有値との関係は見失われてしまう。実際すぐあとで示すように固有値をもたない自己共役作用素も登場してくるのである。

もちろん，ヒルベルト空間 H 上で定義された自己共役作用素 A に対しても，固有値と固有ベクトルの概念は導入することができる。

$$Ax = \lambda x$$

をみたす $x \neq 0$ が存在するとき，λ は A の固有値であり，x は固有値 λ についての固有ベクトルである。このとき自己共役性の条件 $(Ax, x) = (x, Ax)$ から λ は実数であることがわかる。

しかし，それでは固有値をもたない自己共役作用素とはどのようなものか。

これから $L^2[a, b]$ 上で定義された1つの自己共役作用素 A を例にとって，そこでは固有値と，有限次元の場合のような固有空間への分解が，どのように表わされていくようになるか，みていくことにしよう。

そこにはまったく予想もしなかった新しい数学の風景が展開していくことになる。

いまヒルベルト空間 $L^2[a, b]$ 上の作用素

$$A : f(x) \longrightarrow xf(x)$$

を考えてみることにする。ここで $0 \leqq a < b$ とする。

A は自己共役作用素である。このことは x が実数の変数であることに注意すると

$$\begin{aligned}(Af, g) &= \int_a^b xf(x)\overline{g(x)}dx = \int_a^b f(x)\overline{xg(x)}dx \\ &= (f, Ag) \qquad\qquad (x=\bar{x}\text{ による})\end{aligned}$$

となることからわかる。また

$$\| Af \|^2 \leqq \int_a^b | xf(x) |^2 dx \leqq b^2 \int_a^b | f(x) |^2 dx = b^2 \| f \|^2$$

より A は有界である。

しかしこの有界な自己共役作用素 A は固有値をもたない(A は自己共役だから，固有値はあるとすれば実数である)。もしかりに固有値 μ があるとすれば，固有関数 $f_0(x)\ (\neq 0)$ に対して

$$Af_0(x) = \mu f_0(x), \text{ すなわち } \quad xf_0(x) = \mu f_0(x)$$

が成り立つ。これから $(x-\mu)f_0(x)=0$ となるが，x は作用素 A を定義する変数であり，$f_0(x) \neq 0$ だからこのような関係が成り立つことはない。

しかし，$a<\lambda<b$ が 1 つ与えられたとき，正数 ε を十分小さくとって，$\varphi_\varepsilon(x) \in L^2[a, b]$，$\| \varphi_\varepsilon(x) \| = 1$，　$\varphi_\varepsilon(x)$ は区間 $[a, \lambda-\varepsilon]$，$[\lambda+\varepsilon, b]$ では 0 となるような関数とする。このとき

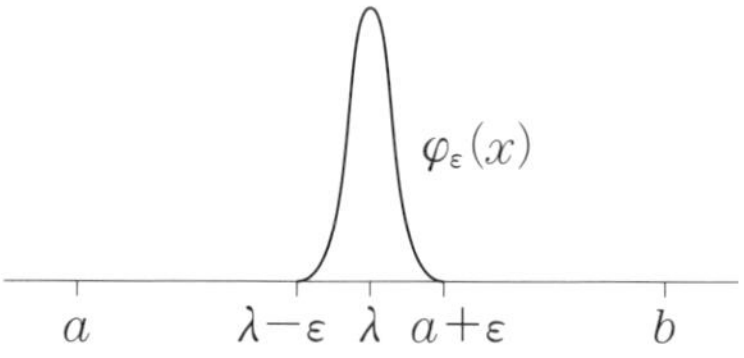

$$
\begin{aligned}
\|A\varphi_\varepsilon - \lambda\varphi_\varepsilon\|^2 &= \int_a^b |\, x\varphi_\varepsilon(x) - \lambda\varphi_\varepsilon(x)\,|^2\,dx \\
&= \int_{\lambda-\varepsilon}^{\lambda+\varepsilon} |\, x-\lambda\,|^2\,|\,\varphi_\varepsilon(x)\,|^2\,dx \\
&\leqq \varepsilon^2\int_{\lambda-\varepsilon}^{\lambda+\varepsilon} |\,\varphi_\varepsilon(x)\,|^2\,dx = \varepsilon^2\|\varphi_\varepsilon\|^2 \\
&= \varepsilon^2
\end{aligned}
$$

が成り立つ。すなわち

$$\|A\varphi_\varepsilon - \lambda\varphi_\varepsilon\| \leqq \varepsilon$$

となり，$\varepsilon\to 0$ とすると $\lambda\varphi_\varepsilon$ は $A\varphi_\varepsilon$ をどこまでも近似していく関数となる。この関係は近似式

$$A\varphi_\varepsilon \fallingdotseq \lambda\varphi_\varepsilon$$

として表わされるだろうが，しかし $\lim_{\varepsilon\to 0}\varphi_\varepsilon$ は存在しない。$L^2[a,b]$ のなかで，この≒が＝に変わることはないのである。

φ_ε は $L^2[a,b]$ のなかで，いわば A の固有値ともいうべき λ をとらえようと，どこまでも迫っていく関数である。しかし，究極のところで，λ の固有関数となるべき関数は消えてしまう。

そこで固有関数ではなく，固有空間の分解のほうへ問題をうつしてみる。

いま区間 $[a,b]$ を n 等分して，分点

$$a = x_0 < x_1 < \cdots < x_k < \cdots < x_n = b, \quad x_k = a + \frac{k}{n}(b-a)$$

とする。この分点のつくる区間

$$I_k = [x_k, x_{k+1})$$

に対応して，$L^2[a,b]$ の射影作用素 P_k を

$$P_k f = \begin{cases} f(x), & x \in I_k \\ 0, & x \notin I_k \end{cases}$$

と定義する。このとき $H = L^2[a,b]$ は，

$$E_k = P(H)$$

とおくと，

$$H = E_1 \oplus E_2 \oplus \cdots \oplus E_n$$

と直交分解する。このとき $f_k = P_k f$ とおくと，図で示してあるように $f \in L^2[a, b]$ は

$$f = \sum_{k=1}^{n} P_k f = f_1 + f_2 + \cdots + f_n$$

と分解される。

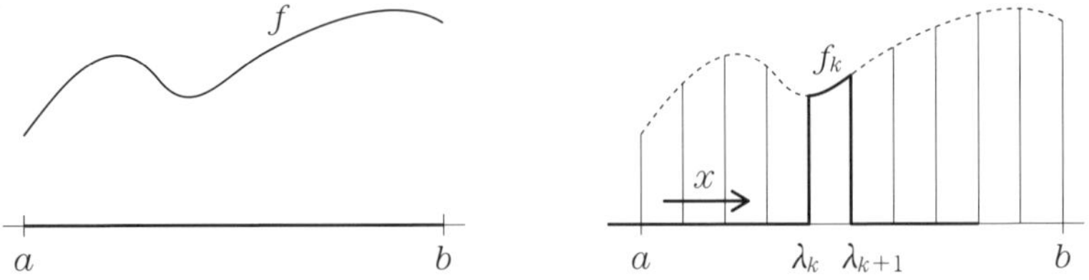

すなわち $f_1, \cdots, f_k, \cdots, f_n$ は，各区間 I_k 上で f を制限し，I_k の外では 0 とおいた関係を示している。そこで

$$A_n f = \sum_{k=1}^{n} \lambda_k P_k f = \lambda_1 f_1 + \lambda_2 f_2 + \cdots + \lambda_n f_n$$

と定義する。

図をみると，分割を細かくしていくと，関数 $\lambda_k f_k$ は，区間 $I_k = [\lambda_k, \lambda_{k+1})$ 上で，いくらでも $xf(x)$ を近似していくことがわかる。

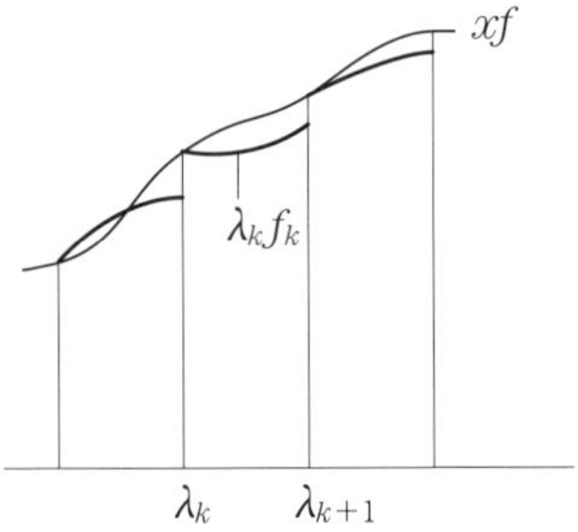

分割 n をどんどん細かくしていくときに得られる有界作用素の系列 $\{A_1, A_2, \cdots, A_n, \cdots\}$ は完備列をつくっている。したがって $n \to \infty$ としたとき，この完備列の極限は有界作用素として存在している。それを積分記号を使って

$$\int \lambda \, dP(\lambda)$$

と表わす。いままでの説明から，これが最初に与えた作用素 $A : f \longrightarrow xf$ の 1 つの表現を与えていることがわかるだろう。このことを

$$A = \int \lambda \, dP(\lambda)$$

と表わし，A の**スペクトル分解**という。ここでは固有値に相当する数は区間 $[a, b]$ に含まれる実数全体であるが，それに対応する固有空間はとらえられないのである。ここで示されているのは，十分小さい正数 ε に対して，$[\lambda_0-\varepsilon, \lambda_0+\varepsilon]$ の外では 0 となる関数 f_0 に対して，A の線形作用素としてのはたらき $Af_0=xf_0$ は近似的には

$$Af_0 \fallingdotseq \lambda_0 f_0$$

として，f_0 を固有ベクトル，λ_0 を固有値とみることができるということである。また $P(\lambda)$ は射影作用素

$$P(\lambda)f = \begin{cases} f(x), & x \in [a, \lambda) \\ 0, & x \in [\lambda, b] \end{cases}$$

を表わしているとみている。

$E_\lambda=P(\lambda)H$ とおくと，E_λ は，ヒルベルト空間のなかで連続的に変化する部分空間となっている。ヒルベルト空間の部分空間にも連続の概念が入ってきたのである。いまみたように，それに応じて部分空間を積分するという概念も入ってきたのである。

なお，有界な自己共役作用素は，このようなスペクトル分解が可能であることが知られている。

トピックス　**ヒルベルト空間に現われた「積分記号」?!**

このような自己共役作用素の「スペクトル分解定理」は，1910 年代，ゲッチンゲン大学でヒルベルトの研究に協力していたヘリンガーによって得られたものと思われる。

この自己共役作用素のスペクトル分解定理に現われている $dP(\lambda)$ という表現は，これより 200 年以上も前に，ライプニッツが，積分記号のなかに，dx という記号を導入したことを思い起こさせる。ライプニッツはこ

の記号によって無限小の長さの線分を表わすと考えた。いま同じような記号は $dP(\lambda)$ として，ヒルベルト空間のなかに現われてきた。

$dP(\lambda)$ はヒルベルト空間のなかの部分空間の微小な変動を示しているのだろうか。そしてスペクトル分解定理は，おのおののスペクトルは，光のスペクトルのようにこの部分空間の微小な変動によって発せられ，ヒルベルト空間に充満していくと考えるのだろうか。しかし私たちがそこから見えてくるものは，積分の形をとって総合された自己共役作用素のヒルベルト空間上でのはたらきなのである。

5 完全連続な作用素

第5章で述べたように，ヒルベルトはフレードホルムの積分方程式の理論に触発されて，その理論を，固有関数の概念を通して，l^2-空間上の無限個の変数をもつ連立方程式の問題としてとらえた。このとき数学は，無限をはじめてはっきりと数学の枠組みのなかに入れたのである。

このときヒルベルトが考察した積分方程式は，対称核をもつ積分方程式とよばれる次のようなものであった。

$$\varphi(x) = f(x) + \int_a^b K(x, y) f(y) dy$$

$$K(x, y) = K(y, x) \qquad \text{（対称性）}$$

ここで $\varphi(x)$ は既知関数，$f(x)$ が未知関数である。

ヒルベルトはこの積分方程式の右辺を未知関数 $f(x)$ にはたらく線形作用素とみて，この線形作用素による l^2 の固有空間への分解を通して，この解を，無限連立1次方程式の解として示した。

このヒルベルトの取り扱った積分方程式の理論は，ヒルベルト空間上の線形作用素というもう一段高い立場に立ってみると，ヒルベルト空間上の完全連続な自己共役作用素の理論のなかに包括することができる。

ここではその完全連続作用素について，その概要を述べることにする。

【定義】 ヒルベルト空間H上の有界線形作用素Aが次の条件(C)をみたすとき，**完全連続**な作用素という。

(C) $\| x_n \| = 1$をみたすHの点列$\{x_1, x_2, \cdots, x_n, \cdots\}$に対して，適当な部分点列$\{x_{n_i}\}$をとると，$\{Ax_{n_i}\}$は，$n_i \to \infty$のときある点に収束する。

この定義の意味することについて説明しておこう。

連続性に関する議論をするとき，有限次元と無限次元のあいだの本質的な違いは，次のようなところから生じてくる。

有限次元の場合，単位球または単位球面はコンパクトであるが，ヒルベルト空間になるとこの性質は成り立たなくなってくる。コンパクト性とは，無限に点があると必ず少なくとも1つの集積点があるといい表わされる。

たとえば，2次元の座標平面で定義されている連続関数$f(p)$が，原点中心，半径1の単位円上で必ず最大値をとることは次のようにして証明される。まず$f(p)$は単位円上で有界である。なぜなら有界でなければ，$|f(p_n)| \to \infty$となる点列$\{p_n\}$がある。コンパクト性によって$\{p_n\}$の部分点列$\{p_{n_i}\}$で，$p_{n_i} \to p_0$となるものがある。このとき$f(p_{n_i}) \longrightarrow f(p_0)$となり，上の仮定に矛盾する。

次に$f(p)$が単位円上で最大値をとらないとすると，$\sup |f(p)| = m$とすると，連続関数$F(p) = \dfrac{1}{m - f(p)}$は有界でなくなり，矛盾を生ずることになる。

しかしヒルベルト空間では，正規直交基底$\{e_1, e_2, \cdots, e_n, \cdots\}$は，$\| e_m - e_n \| = \sqrt{2}\ (m \neq n)$であり，集積点のない無限点列として，単位球面

$$S = \{ x \mid \| x \| = 1 \}$$

の上に並んでいる。$\{e_1, e_2, \cdots, e_n, \cdots\}$はSに含まれている閉集合であり，したがってたとえば$f(e_n)=n$となるような連続関数もS上に存在している。Sも，また単位球$\{x \mid \|x\| \leqq 1\}$もコンパクトではないのである。

ヒルベルト空間におけるこの単位球のコンパクト性の欠如は，有界な線形作用素の性質を調べるときにも，大きな障壁となって立ち現われるだろう。無限次元の空間では，各点のまわりがすでに無限次元であってコンパクト性などなく，そのような目で見ればヒルベルト空間は各点のまわりがすでに広漠として広がっている数学の対象なのである。

そこにヒルベルト空間の理論構成に向けたノイマンの独創があったといえるのかもしれない。ヒルベルト空間の理論は，線形性という性質に支えられて，コンパクト性を欠いた空間での新しい解析の方向を探っていくことになったのである。

このようなことを知った上で，完全連続な作用素の定義を改めて見直すと，これは空間には欠けていたコンパクト性を，有界作用素の性質として付与したものになっていることがわかる。完全連続性とは強い性質なのである。

実際，完全連続な自己共役作用素Aについて次の定理が成り立つ。その前に固有値と固有ベクトルの定義をもう一度確認しておこう。

$$Ax = \lambda x$$

をみたす$x \neq 0$と，λが存在するとき，xを固有値λに対する固有ベクトルという。

定理

（i） 完全連続な自己共役作用素Aの固有値は可算個の実数$\{\lambda_1, \lambda_2, \cdots \lambda_n, \cdots\}$であって

$$\|A\| = |\lambda_1| > |\lambda_2| > \cdots > |\lambda_n| > \cdots \longrightarrow 0$$

となっている。

(ii) 固有値 λ_i に対する固有空間を E_i とすると，$i \neq j$ のとき E_i と E_j は互いに直交している。

(iii) $\dim E_i < \infty \qquad (i=1, 2, \cdots)$

(iv) $H = E_1 \oplus E_2 \oplus \cdots \oplus E_n \oplus \cdots$

となり，H は固有空間によって直交分解される。

この(iv)の固有空間から，正規直交基底をとって，それを

$$
\begin{aligned}
E_1 &: e_1^{(1)}, \cdots, e_{k_1}^{(1)}, \\
E_2 &: e_1^{(2)}, \cdots, e_{k_2}^{(2)}, \\
&\cdots\cdots \\
E_n &: e_1^{(n)}, \cdots, e_{k_n}^{(n)}, \\
&\cdots\cdots
\end{aligned}
$$

をとっておくと，

$$Af = \sum_{n=1}^{\infty} \sum_{i=1}^{k_n} \lambda_n (\varphi, e_i^{(n)}) e_i^{(n)}$$

と表わされる。

実は，ヒルベルトがフレードホルムの積分方程式の理論に触発されて研究した積分作用素

$$A\varphi(s) = \varphi(s) + \int_a^b K(s, t)\varphi(t)dt, \quad K(s, t) = K(t, s)$$

は，$L^2[a, b]$ における完全連続な自己共役作用素であった。この固有ベクトルによる正規直交基底を使って成分で表わせば，積分方程式

$$f(s) = \varphi(s) + \int_a^b K(s, t)\varphi(t)dt$$

は，無限の未知数をもつ，無限連立1次方程式の問題へと帰着されるのである。

フレードホルムは，クラメールの解法を一歩，一歩進めて無限へと近づいったが，ヒルベルトは最初から無限2次形式という彼岸に立って理論を

進めたのである。

この背景に広がるヒルベルト空間という構造が，公理によってはっきりと取り出されるのは，ノイマンまで待たねばならなかったのである。

なお，自己共役作用素や完全連続作用素のスペクトル分解に関する証明は，たとえば拙著『固有値問題 30 講』(朝倉書店)に載っている。

8章 ノイマンとバナッハ

線形性の道を歩みながら，有限から無限へと進んできた数学の大きな夢のような物語も，これで終ることになった。ここでは，数学者としてこの道をつねに前を見通しながら歩みきった二人の偉大な数学者，ノイマンとバナッハについて述べてみることにしよう。

ノイマンは，ヒルベルト空間を創始しただけではなく，数学のさまざまな分野で活躍し，また理論物理学，経済学，コンピュータの開発にも携わった。晩年は原子力の開発に関係して，アメリカ政府の中枢にもかかわるようになった。

一方，バナッハは，バナッハ空間とよばれる無限次元の線形空間を創造した。このバナッハ空間には，ヒルベルト空間を蔽っているような空間的なイメージは消えている。その意味ではヒルベルト空間と対照的な姿をしている。ヒルベルト空間が数学の大地の上に広がり展開していくのにくらべ，バナッハ空間は数学の大空を自由に飛翔しているような姿をしているのである。バナッハは学者というより，数学を愛し，考え続ける人として，多くの仲好しの数学者たちに囲まれ，ともに語り，ともに考え，その生涯の日々を送ったのである。

1 ノイマンの歩んだ道*
――獅子は爪跡でわかる

ノイマンのフルネームは，ジョン・フォン・ノイマンであるが，生前，プリンストンではジョニーの愛称で通っていた。

ノイマンは1903年12月ハンガリーのブタペストの富裕なユダヤ人の家庭に生まれ，1957年2月にアメリカで癌で亡くなった。わずか53年3か月の生涯であった(顔写真は6章の127頁)。

まずこの節の副題として載せた「獅子は爪跡でわかる」について述べておこう。微積分の誕生当初の1696年に，J. ベルヌーイは未解決であった「等速落下曲線」の問題を，ヨーロッパ各国の多くの数学者に送って答を求めた。やがて完全な解答が示されている一通の匿名の手紙が彼のところに届けられた。ベルヌーイは一目見てすぐにそれは当時微積分の誕生をめぐって敵対関係にあったニュートンから送られてきたものだとわかった。そのとき彼はこの言葉を述べたといわれている。

ノイマンは，19歳のとき，すでに集合論の公理化に関する学位論文の第1稿を仕上げていた。当時マールブルク大学の教授であったフレンケルのところに，この長い論文の草稿が送られてきた。フレンケルは一目でこれは水際だった仕事ということはすぐにわかり，「獅子は爪跡でわかる」とはまさにこのことだと思い，そのように返事し，ノイマンにマールブルクで会いたいとかき送ったそうである。

ノイマンの生涯における，多方面の分野にわたる深い仕事の内容など，

*) この節をかくにあたってはノーマン・マクレイ『フォン・ノイマンの生涯』(朝日選書)を参照した。

私にはとうてい述べることはできない。ここではまず，6巻にわたる部厚いノイマン全集に盛られている内容を記して，彼の‘爪跡’だけを示しておくことにしよう。全集の論文の配列は，大きな流れとしてはだいたい発表の年次に沿っている。

第1巻　論理，集合論，量子力学
第2巻　作用素，エルゴード理論，群上の概周期関数
第3巻　作用素環
第4巻　連続幾何と他のトピックス(古典力学における作用素的方法，
　　　行列の近似的性質，逐次近似法等々)
第5巻　コンピュータ設計，オートマトン，数値解析
第6巻　ゲームの理論，天体物理，流体力学，気象学

ノイマンは父の希望もあり，高校を卒業後，最初応用化学を専攻した。当時の大学制度についてはよく知らないが，ノイマンはベルリン大学とチューリッヒのスイス連邦工科大学で応用化学を学んだが，一方ハンブルグ大学では数学を学んでいる。しかし1921年にはカントルの集合論に向けてのヒルベルトの思想に共感して，数学の道を進むことを決めた。

集合論の公理化，これがノイマンの最初の仕事となった。カントルの提起した集合論は，20世紀初頭の数学に大きな波紋を広げていた。1950年になってノイマンは次のようにかいている。

「19世紀末から20世紀初頭にかけ，抽象数学の新分野だったG. カントルの集合論が壁にぶち当った。論証の一部に矛盾が出てしまったのだ。そこは集合論の中核でも有用部分でもないし，なにか形式的な基準を設ければ識別できた。けれども，問題のないほかの部分に比べてなぜそこだけが集合論に弱いのかはっきりしなかった。」

ノイマンが数学者になった20年代，ブロウエルもワイルも

「数学の大家で，数学とは何であり，何のために何をするものか，だれよりも深く広く知っていた。その二人が，数学的厳密さの概念や，正しい証明には何が必要かの概念を，変えなければいけないと主張した。」

そのあげく当時次のことが起こっていたとノイマンはいう。

「まず第一に，自分の日ごろの研究に新しい過激な基準を導入しようとする数学者は少なかった。たいていの人は，ワイルとブロウエルは第一印象では正しいとしながらも，昔ながらの楽な数学をつかい続けた。……そこにヒルベルトが現われ，ブロウエルとワイルを満足させるには何をなすべきかを提案した。大勢の数学者がヒルベルトの宿題に取り組んだ。」

ノイマンは10代ですでにその挑戦に取り組んだのである。ノイマンは1926年にチューリッヒで応用化学の学士号をとり，同じ年ブタペストで数学の博士号をとった。そのときまだ23歳にも達していなかった。

ノイマンが23歳になった1926年頃から，量子力学のなかから湧き上がってきたハイゼンベルクの行列力学と，シュレディンガーの波動力学は，物理学を渦のなかにまきこんでいった。ノイマンの眼には，あるいは集合論の矛盾を，公理体系に立って構成していこうとした道と，同じような道が自分の前に用意されていると見えたのかもしれない。ノイマンはまずヒルベルト空間を公理として提示し，構成的にその上の有界線形作用素の理論を構築していったが，量子力学に現われる作用素は，実際は非有界な作用素であった。これらを総合して前にも述べた『量子力学の数学的基礎』が単行本として1932年に刊行されたのである。

1933年になると，ドイツではユダヤ人追放の動きが急速に高まってきた。すでにアメリカに渡っていたワイルの勧めもあり，プリンストン高等科学研究所の教授として，アメリカへ渡ることになった。1940年頃までは，ヒルベルト空間上の有界作用素のつくる環——作用素環——の研究を行なっていた。ここでは代数的な環の理論の先に，連続次元などという不思議な概念が浮かび上がってくるのである。

1943年からコンピュータの開発に携わることになった。ノイマンはコンピュータが発達すれば，気象変動の予測も可能となり，またコンピュータを使って非線形の問題が解けるようになれば，経済社会のさまざまな変化に対し驚くべき効果を発揮するだろうと考えていた。

1950年以降，ノイマンはアメリカ政府の中枢に加わるようになり，政府の各種委員会にも出席するようになった。1952年には，プリンストン高等科学研究所でコンピュータが完成した。多忙な日々のなかで，1951年から53年にかけて，アメリカ数学会の会長もつとめた。

1955年夏，ノイマンは癌を発病した。それでも少しのあいだは原子力委員会や国防相の会議などには出席していたが，同じ年の11月には車椅子の人となった。1957年2月にこの世を去った。わずか53年3か月の短い生涯であった。

1955年頃から，数学は構造という考えから脱し，その後15年間は20世紀数学は，かつてなかったような活発な活動期へと入っていった。コンピュータも社会の大きな動きのなかで活動をはじめるようになった。もしここにノイマンがいたならば，あるいはコンピュータのなかで構成されるような数学理論を展開したかもしれない。しかし，半世紀にわたって数学や科学技術の広大な沃野を走り続けた獅子はすでに去ってしまっていた。

2 バナッハ空間

標題になっているバナッハ空間という名前は，どこかで目にされた読者もおられるかもしれない。バナッハ空間はヒルベルト空間よりも少し遅れて登場してきたが，いまでは関数解析学とよばれる分野でヒルベルト空間と並んで，現代数学のなかで重要な位置を占めている。

この節ではバナッハ空間について簡単に述べておこう。以下では線形空間は，複素数 $\boldsymbol{C}$ 上の線形空間とする。

線形空間の各要素 x に，実数 $\|x\|$ を対応させる対応があって，次の条件をみたすとき，$\|x\|$ を x のノルムという。

(1)　$\|x\| \geqq 0$；等号は $x=0$ のときに限る。

(2)　$\|\alpha x\| = |\alpha|\,\|x\| \qquad (\alpha \in \boldsymbol{C})$

(3)　$\|x+y\| \leqq \|x\| + \|y\|$.

このとき x と y の距離 $\rho(x, y)$ を

$$\rho(x, y) = \|x-y\|$$

で定義する。$\rho(x, y)$ は距離の 3 つの性質（i）$\rho(x, y) \geqq 0$；等号は $x=y$ のときに限る，（ii）$\rho(x, y) = \rho(y, x)$，（iii）$\rho(x, z) \leqq \rho(x, y) + \rho(y, z)$，をみたしている。

【定義】 線形空間 B にノルムが与えられ，このノルムから導かれる距離について，B が完備な距離空間となるとき，B を**バナッハ空間**という。

ヒルベルト空間は，内積を使ってノルムが $\|x\| = \sqrt{(x, y)}$ として定義さ

れ，また完備性をもつから，上の定義にしたがえばバナッハ空間にもなっている。

注目!!　ヒルベルト空間とバナッハ空間の違い

ヒルベルト空間とバナッハ空間を，その定義を通してくらべてみると，その立脚点の違いがよくわかる。

ヒルベルト空間には内積があり，それにより長さだけではなく，角も測ることができる。実際ヒルベルト空間では直交するという概念がよく使われている。私たちはそこから n 次元ユークリッド空間の直交座標軸に対応する概念として，正規直交基底を導入してきた。それを通して，ヒルベルト空間のいろいろな概念は，無限次元ではあるとしても，どこか**幾何学的または代数的な描像**のなかでとらえることができた。少なくともヒルベルト空間は，ユークリッド空間の極限における空間形式を与えており，そこでは**量子力学の世界**が表現された。

それに対してバナッハ空間に与えられているのは，ノルムによる距離の完備性だけである。ここにはもはやユークリッド空間と重ねてみるようなものは消えている。ここにあるのは線形性をもつ点列と，完備性による極限への収束である。これは完全に**解析の世界**のこととなる。解析学では，関数のさまざまな性質は，関数列の極限としてとらえられることが多いのである。

その意味でバナッハ空間は，線形性を通して，解析学が無限のなかで自由に展開する場所があることを示したのである。

バナッハ空間の例としては，$1 \leqq p \leqq \infty$に対して$L^p[a,b]$として表わされる空間がある。

$1 \leqq p < \infty$のとき，$L^p[a,b]$は，ルベーグ可測な関数 f で

$$\int_a^b |f(x)|^p dx < +\infty$$

をみたすもの全体のつくる線形空間にノルムとして

$$\| f \|_p = \left(\int_a^b | f(x) |^p dx \right)^{\frac{1}{p}}$$

を導入したものである。

また$L^\infty[a, b]$は，$[a, b]$上でほとんど至るところ有界なルベーグ可測な関数のつくる線形空間にノルムとして

$$\| f \| = \text{ess. sup} \, | f(x) |$$

を導入したものである。（ここで ess. sup とは'essential sup'の略で，測度 0 の集合を除いて上界となる数の下限を示している。）

バナッハ空間では，ヒルベルト空間でも用いられた次の定義が基本的なはたらきを示すことになる。

【定義】 バナッハ空間Bから$\boldsymbol{C}$への線形写像φで，ある正数Mをとると

$$| \varphi(x) | \leqq M \| x \|$$

をみたすものを，B上の**線形汎関数**という。

バナッハ空間B上で定義されている線形汎関数全体のつくる空間に，ノルムを

$$\| \varphi \| = \sup_{x \neq 0} \frac{| \varphi(x) |}{\| x \|}$$

と定義して得られるバナッハ空間を，Bの**共役空間**という。

$1 < p < \infty$のとき，$\dfrac{1}{p} + \dfrac{1}{q} = 1$となる$q$をとると，$L^p[a, b]$の共役空間は，$L^q[a, b]$となる。このとき$f \in L^p$に対して，$g \in L^q$は線形汎関数として

$$\varphi_g(f) = \int_a^b f(x) g(x) dx$$

としてはたらいている。

また同じようなはたらきで，$L^1[a,b]$の共役空間は$L^\infty[a,b]$で与えられる。

バナッハ空間は，こうして共役空間と対(つい)になって，その空間の性質を調べていくことができる。私たちは1つのバナッハ空間を見るときは，同時に共役空間もみるのである。そしてたとえば$1<p<\infty$のとき，$L^p[a,b]$の共役空間$L^q[a,b]$ $\left(\frac{1}{p}+\frac{1}{q}=1\right)$は，逆に，その共役空間がもとの$L^p[a,b]$へともどるという性質をもつ。しかしこのような対応から，どのような性質が導かれてくるかを簡単にここで述べることは難しい。興味のある方は，『関数解析』と題されている本を参照していただきたい。

トピックス　数学の抽象性が示す2つの道

20世紀数学のなかから生まれてきた数学の抽象性は，数学に2つの進む道を示したようである。1つは，数学を抽象性という視点に立って見ることにより，数学の体系を総合的に構造として組み換え，そのなかにさまざまな性質や概念が相互にはたらき合う姿を明確にし，学問としての自立性を高めていく道である。そのような古い体系から新しい体系に組み換えられていく過程で，数学はさらなる展開の方向を見出すことが可能となる。それはノイマンの立場であった。

もう1つは，抽象性によって数学の個々の対象は，さまざまな属性を捨て，対象相互のあいだの関係にだけ注目するようになり，数学はいわば大空を舞うような自由な姿をとることになる。それはバナッハの立った場所であり，ここには構造という考えは消えている。

このような2つの方向を象徴するような，ヒルベルト空間とバナッハ空間は，20世紀前半の抽象数学の流れのなかで，互いに彼岸に立つものであったといってよいのかもしれない。

3 バナッハの数学*
──スコティシュ・カフェのつどい

バナッハ

バナッハは，ポーランドのルヴフで，第2次世界大戦が起きるまで，彼の独創から生まれた数学を，明澄な大きな世界のなかに包みこんで，彼の仲間とともに議論しあい，育て上げていった。

バナッハは1892年，ポーランドのクラコフの貧しい家庭に生まれた。バナッハはルヴフ工科大学で2年間工学を履修し，それを証明する試験に合格した。1920年，28歳になったとき，ルヴフ工科大学の助手になり，やっと生活が安定した。

バナッハの名著‘*Théorie des opérations linéaires*’(線形作用素論)は1930年に出版されたが，その出発点となった学位論文「抽象数学における作用素とその積分方程式への応用」は1920年に学位論文として提出された。フレシェはこの論文を手にして興奮したと伝えられている。フレードホルム，ヒルベルトへと進む積分方程式論は，代数的な観点で研究が進められていた。しかしその方法だけでは広漠として広がる解析学の原野のほうへ向けては適用することはできないだろう。バナッハはさまざまな関数空間の上にはたらく作用素の立場に立って，解析学へ新しい道を切り拓こうとしたのである。

---

*） この節は，私が以前かいた『無限からの光芒』(日本評論社)を参照している。

バナッハは次のような言葉を残している。

「数学は特殊な美によって支えられているものであり，決して演繹体系に還元されるようなものではない。なぜなら，遅かれ早かれ，数学は形式的な枠を乗り越えて，新しい原理を創造していくのであるから」

バナッハは1927年にはルヴフ工科大学の正教授に任命された。シュタインハウスは次のようにかいている。

「彼は格式ばった，いわゆる教授らしい教授であることはなかった。彼の講義はすばらしいものであった。細部に立ち入りすぎることもなく，また黒板を複雑な記号で埋めつくすこともなかった。彼は正しい言葉づかいなど気にしなかった。優雅などは彼の性格にそぐわないものであった。生涯を通じて，彼は話し方でも，振る舞いでも，クラコフの下町っ子のある特徴を残していた。」

たぶん1930年頃から，ルヴフの町の人たちは，歩きながら，あるいは喫茶店などで，夢中で議論をかわしている数学者たちの姿を見かけるようになったのではないかと思われる。

ルヴフ大学から少し離れたところにあるScottisch Caféが，バナッハを中心とする数学者たちのグループのたまり場となってきた。ここでワインを飲みながら，数学の議論を深めながら，ときには談笑に耽けるような時間が何時間も続いた。ここには後にアメリカに渡り，マンハッタン計画に参加したウラムや，ワルシャワからも数学者たちが集ってきた。

バナッハはCaféに坐し，まわりを囲む数学者たちの議論に耳を傾けていた。ウラムは次のようにいっている。

「数学上の論議にしろ，ちょっとした世間話にしろ，だれもがバナッハの高潔な精神力をすぐに感じとることができた。彼には，非常に熱心に語るときと，外見上静かにしているときとが交互にあった。静かにしているときは，心のなかで言葉を選んでいるのであった。その言葉は次の研究分野で中心定理として，非常に役立つもので，錬金術師の試金石のようなものであった。」

バナッハのまわりには，アカデミーのような雰囲気は醸成されなかった。数学は，Scottisch Café に集う数学者のなかに，音楽の調べのように流れていったのである。

Scottisch Café には未解決の問題を書き記しておく部厚いノート・ブックがおかれていた。このノートは奇蹟的にも第2次世界大戦後まで残され，現在はビルクホイザー社から'*The Scotlisch Book*'として刊行されている。このなかにある2つの問題をかいてみよう。

「どの位置でも水に浮かぶ一様密度の物体は球か」

「n 次元ユークリッド空間に埋めこまれた，コンパクトな，境界をもつ n 次元多様体 M を，$(n-1)$ 次元の平面 H で切ったとき，(一般の位置で) $\partial M \cap H$ が $(n-2)$ 次元の球面と同相になるならば，M は凸か」

これらの問題は，現在もなお未解決のようである。

1941年，第2次大戦が勃発するとともにドイツはポーランドに侵入し，多数のユダヤ人は殺され，多くの数学者がそのなかで命を失った。バナッハは「細菌研究所」でしらみの飼育をすることを強いられた。彼の頑強な肉体は，戦争中の悲惨な生活にも耐えぬいたが，戦後間もなく，1945年8月に亡くなった。53歳であった。

バナッハは生前，'*Théorie des opérations linéaires*'の続篇をかくことを予定していた。しかしそれはかなわぬこととなった。**もしこの続篇が著わされていたら，その後の数学の景色は変わっていたのかもしれない。**

索引

た行

な行

あとがき

予定していた7巻の『大人のための数学』というシリーズもこれで完結した。「大人のための数学」ということで，私自身このシリーズを執筆しながら考えたことを，ここで少し述べてみよう。

私が数学という学問に最初に接してから，すでに60年以上，経過している。その間，いろいろな分野を学んでみたが，数学を学びはじめた頃にくらべると，数学に近づいていく近づき方がしだいに変わってきていることに気がついた。若いとき夢中になって数学を勉強していた頃は，いかに内容を理解するかに全力を傾注していた。また私に向かって問いかけてくるような未解決の問題に対しては，たとえ解けないとしても一生懸命考えてみようと思った。

その頃は数学のテキストや論文に載せられている定義，定理，証明は，1つのセットをつくっているように思っていた。しかし数学の直接の研究から離れるようになってくると，概念を最初に明示して定義として取り出すことと，そこから多くの定理を導き，証明することとは少し違うような気持ちがしてきた。「1つの概念がどのようにして生まれてきたのか」，「そしてそれがどうして数学という学問のなかで根づくようになったのか」，そのことについて長いあいだ私は知ることもなく，またそこをさらに探ってみようとすることもなかった。数学は明証の学であり，証明を十分理解すればそれでよいように思っていたのかもしれない。

しかしいまは少し違う。概念を創造する人間精神の営み，またその概念を必要とする数学からの要求に心が向けられるようになってきた。**概念こそ数学の泉なのかもしれない**と思えてきた。この**泉から湧き出る水が，やがて大きな流れをつくって，数学の広い原野を潤す**のではないかと思えてきたのである。

このような見方は，数学を愛される大人の方々にも受け入れていただけるのではないかと思い，このシリーズの底にただよい流れる大きな基調とすることにした。

そのためこのシリーズでは，概念の意味と広がりを求めていきながら，その過程でしだいに数学の全容が見えてくるようなテーマを選んだのである。まだ先は続くようでもあるが，ひとまずここで筆をおく。

なお，このシリーズの製作にあたっては，つい最近まで，紀伊國屋書店出版部におられた水野寛氏に大変お世話になった。数学書として読みやすいように組まれているのも，水野氏の御尽力のおかげである。

また表紙を描いて下さった中山尚子さんは，7冊それぞれの内容にふさわしいデザインをされるのに，心を傾けて下さった。

改めてここに感謝の意を述べさせていただきます。

2008年12月24日

著者識

著者紹介
志賀　浩二
1930年に新潟市で生まれる。1955年東京大学大学院数物系修士課程を修了。東京工業大学理学部数学科の助手，助教授を経て，教授となる。その後，桐蔭横浜大学教授，桐蔭生涯学習センター長などを務めるなかで，「数学の啓蒙」に目覚め，精力的に数学書を執筆する。現在は大学を離れ執筆に専念。東京工業大学名誉教授。
シリーズをまるごと書き下ろした著作に『数学30講シリーズ』(全10巻，朝倉書店)，『数学が生まれる物語』(全6巻)，『数学が育っていく物語』(全6巻)，『中高一貫数学コース』(全11巻)，『算数から見えてくる数学』(全5巻)(以上，岩波書店)，『大人のための数学』(全7巻，紀伊國屋書店)がある。
ほかの数学啓蒙の著作には『数学　7日間の旅』(紀伊國屋書店)，数学の歴史に関しては『無限からの光芒』『数の大航海』(ともに日本評論社)，『数学の流れ30講(上・中)』(下は未刊，朝倉書店)などがある。

大人のための数学　7巻
線形という構造へ　次元を超えて

2009年4月6日　第1刷発行
2012年2月8日　第2刷発行

発行所…………**株式会社**　紀伊國屋書店
東京都新宿区新宿3-17-7

出版部(編集)電話03(6910)0508
ホールセール部(営業)電話03(6910)0519
〒153-8504　東京都目黒区下目黒3-7-10

装幀……………芦澤 泰偉
装画……………中山 尚子

印刷・製本……法令印刷
ISBN 978-4-314-01046-7

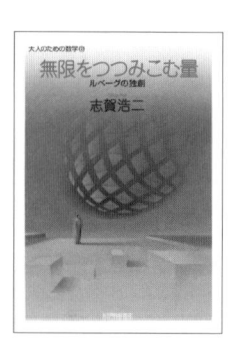